Urban Planning and The Architectural Designs for CBD of Zhengdong New District

郑东新区商务中心区城市规划与建筑设计篇

○主编：李克
○编著：郑州市郑东新区管理委员会、郑州市城市规划局
○Editors in Chief: Ke Li
○Compiler: Zhengzhou Zhengdong New District Administration Committee, Zhengzhou Urban Planning Bureau

03 郑州市郑东新区
城市规划与建筑设计 (2001~2009)
Urban Planning and Architectural Designs
for Zhengdong New District of Zhengzhou (2001-2009)

图书在版编目（CIP）数据

郑州市郑东新区城市规划与建筑设计（2001~2009）3、郑东新区商务中心区城市规划与建筑设计篇/李克主编；郑州市郑东新区管理委员会，郑州市城市规划局编著.-北京：中国建筑工业出版社，2009
ISBN 978-7-112-10838-1

I.郑… II.①李…②郑…③郑… III.中央商业区-城市规划-建筑设计-郑州市-2001~2009 IV.TU984.261.1

中国版本图书馆CIP数据核字（2009）第038888号

责任编辑：滕云飞　徐　纺
版式设计：朱　涛
封面设计：简健能

郑州市郑东新区城市规划与建筑设计（2001~2009）3.郑东新区商务中心区城市规划与建筑设计篇

李克　主编
郑州市郑东新区管理委员会，郑州市城市规划局 编著
*
中国建筑工业出版社出版、发行（北京西郊百万庄）
各地新华书店、建筑书店经销
恒美印务（广州）有限公司 制版 印刷
*
开本：850×1168毫米　1/12
印张：23 $\frac{1}{2}$　字数：700千字
2010年6月第一版　2010年6月第一次印刷
定价：235.00元
ISBN 978-7-112-10838-1
　　（18078）
版权所有　翻印必究
如有印装质量问题，可寄本社退换

（邮政编码　100037）

前言
Forword

一

郑州，一座有着3600多年历史文化积淀的古都，"商汤都亳"曾是商初时期的天下名都，是中国"八大古都"中年代最久远的城市。

郑东新区，一个现代城区建设的杰作。自2003年开始启动建设至今，这里发生的巨变令人惊叹。走近郑东新区，感受到的是一座充满活力的新城，一股蓬勃向上的气势，一种优美舒适的生态体验。柔美的环形城市布局，蔚为壮观的高楼大厦，亲水宜人的秀美景观，充分展现着这座新城积极向上的发展活力与深厚的历史人文魅力。

郑东新区正在日新月异的发展和成长之中，在这背后，高起点、高标准、高品位的城市规划与建筑设计为郑东新区织就了美好的蓝图，而对规划设计成果的严格执行，是郑东新区从蓝图走向现实的关键所在。规划设计是开发建设的龙头，郑东新区的开发建设是充分尊重规划设计、严格执行规划设计的经典案例。

二

众所周知，郑东新区规划面积大，建设成效显著，为河南这个人口大省加快城市化进程，促进经济社会发展、提升城市形象等发挥了重要作用。毫不夸张地说，郑东新区的规划建设，使郑州实现了从城市向大都市的质变。同时，由于郑东新区发展背景具有中国特色，规划设计理念新颖，这些也引起了规划学界的高度关注，引发了众多针对郑东新区规划设计的分析和研究。但是，我们也注意到了其中存在的一个不足，即大部分研究将精力集中于一个具体的规划或设计，而鲜有系统、完整地介绍整个郑东新区规划设计的论著，我们认为，这项工作对于更全面、更客观的认识郑东新区规划设计是十分重要的。

基于以上认识，本书选择郑东新区规划设计作为研究对象，做一项专门的城市规划设计案例研究。为了使读者可以清晰地看到郑东新区规划设计的完整程序，看到郑东新区从蓝图变成一座现代化新城的脚印。本书从郑东新区的发展背景出发，沿着城市规划不同层次的轨迹，从总体概念性规划、专项规划、商务中心区规划、城市设计与建筑设计、总体规划局部调整等多层面、多维度对郑东新区规划设计进行剖析。这其中又包含了两条主线，一是对已经实现的规划设计进行分析、研究，以验证规划设计理念是否先进，规划设计是否合理，并对这些成功经验进行总结；二是也希望通过对规划设计的分析、研究，发现其中存在的问题和不足，提出完善的对策或建议。

由于河南省正处于处于城镇化快速推进阶段，郑东新区的建设更是日新月异，方方面面的城市问题不断涌现，各种探索仍需不断深化。有些在今天看来先进的规划理念，随着技术的进步，也许会逐渐滞后；有些今天看来优秀的规划设计，也许会随着时间的推移而产生新的问题。同时，由于能力有限、时间紧迫，本书仍难免有疏漏或不足之处，希望读者谅解，并恳请读者提出宝贵意见和建议。

尽管如此，这样一部系统全面的介绍、分析郑东新区规划设计成果的著作，无疑是一项具有重要意义的工作。它具有一定的学术性、权威性，具有较强的学习和参考价值。

三

为了编好这本巨著，郑州市、郑东新区管委会相关领导曾多次关心编写工作的进程，主编单位调动了一切可以动用的资源，组成了阵容强大的编委会。编委会对全书的总体结构、编写体例等进行了反复的讨论和研究。如今，这套《郑州市郑东新区城市规划与建筑设计》系列丛书终于呈现在广大读者面前。

整套系列以丛书分为5个分册，分别是：郑东新区总体规划篇、郑东新区专项规划篇、郑东新区商务中心区城市规划与建筑设计篇、郑东新区城市设计与建筑设计篇、郑东新区规划调整与发展篇。

本书可以作为郑东新区规划管理者的重要参考资料；可以作为规划设计人员的学习、参考资料；同时，也是所有关心支持郑东新区规划和发展的广大市民了解郑东新区未来的窗口。

在本书问世之际，谨向所有关心、支持本书编写与出版工作的单位和个人表示诚挚的谢意！特别要衷心感谢对本书提出了宝贵意见的领导和专家！没有大家的共同努力，是不可能有这样一部详尽的介绍郑东新区规划设计的著作问世的。

丛书编委会

主 编

李 克

副 主 编

王文超　陈义初　赵建才

委 员（以姓氏笔划为序）

丁世显　马 懿　牛西岭　王福成　王广国　王 鹏
祁金立　张京祖　张保科　张建慧　吴福民　李建民
李柳身　范 强　陈 新　康定军　穆为民　戴用堆
魏深义

执行主编

王 哲

执行副主编

周定友

编辑人员（以姓氏笔划为序）

丁俊玉　马洲平　王秀艳　王 尉　毛新辉　史向阳　卢 璐
孙力如　孙晓光　刘大全　刘新华　刘 俊　刘艳中　全 壮
关艳红　邵 毅　李 召　李 彦　李利杰　陈国清　陈丽苑
陈群阳　陈 浩　何文兵　张 泉　张须恒　张春晖　张春敏
岳 波　周 敏　周一晴　赵 谨　赵志愿　赵龙梅　胡诚逸
段清超　徐雪峰　袁素霞　柴 慧　贾大勇　程 红　翟燕红

编 著

郑东新区管理委员会　郑州市城市规划局

建筑摄影

中国摄影家协会　河南省摄影家协会会员　摄影家

武郑身　崔 鹏　（协助摄影　刘天星）

英文翻译

郑州大学外语系　郑明教授

目录 contents

前言
Foreword

第一部分 Part I — CBD城市设计 CBD Urban Design

1. CBD总体规划 005
   Master Plan of CBD

2. CBD城市设计导则 016
   Guidelines for Urban Design of CBD

3. CBD景观规划设计 021
   Landscape Planning and Design for CBD

4. CBD商业街规划与设计 079
   Commercial Street Planning and Design for CBD

第二部分 Part II — CBD建筑设计 Design of Buildings for CBD

1. 郑州国际会展中心 093
   Zhengzhou International Convention and Exhibition Centre

2. 郑州国际会展宾馆（郑州绿地广场） 109
   Zhengzhou International Convention and Exhibition Hotel (Zhengzhou Greenland Plaza)

3. 河南艺术中心 129
   Henan Arts Centre

4. 商业步行街 139
   Commercial Pedestrian Street

5. 居住建筑   163
Residential Buildings

五行嘉园　Five Elements Garden	164
伟业财智广场　Albert Chan Chol Plaza	166
龙湖大厦　Longhu Building	168
金成东方国际　Jincheng Oriental International	170
金成阳光世纪花园　Jincheng Sunshine Century Garden	172
宏光奥林匹克花园　Hongguang Olympic Garden	174
海逸名门　Haiyimingmen Tower	178
未来高层商住楼　Future High-rise Commercial-Residential Building	182
郑东新区宏远商住楼　Hongyuan Commercial-Residental Building in Zhengdong New District	187

6. 商务办公建筑   189
Business Office Buildings

宏光奥园广场　Hongguang Olympic Square	190
蓝码大厦　Lanma Tower	192
光彩大厦　Guangcai Tower	196
嘉亿国际商务中心　Jiayi International Business Centre	198
河南国际商会大厦　Henan International Chamber of Commerce Tower	200
国龙大厦　Guolong Tower	202
立基·上东国际　Robert Black, East International	204
中烟大厦　Zhongyan Tower	206
汇锦中油大厦　Huijin CNPC Tower	208
兆丰中油大厦　Zhaofeng CNPC Tower	210
绿地世纪大厦　Greenland Century Tower	212
绿地·峰会天下　Greenland · World Summit	214
第一国际　First International	216
温哥华大厦　Vancouver Tower	218
中国农业银行河南分行　Agricultural Bank of China Henan Branch	220
意大利·国际大厦　Italy · International Tower	222
众合环宇国际大厦　Zhonghe Universal International Tower	224

郑州市广播电视中心	Zhengzhou City Radio and Television Centre	226
世贸大厦	World Trade Tower	230
景峰国际中心	Jingfeng International Centre	232
王鼎国际大厦	Wangding International Tower	234
郑州市商业银行大厦	Zhengzhou Commerce Bank Tower	236
中华大厦	Zhonghua Tower	238
郑东金融大厦	Zhengdong Financial Tower	240
郑州海联国际交流中心大厦	Zhengzhou Hailian International Exchange Centre	242
福晟大厦	Fusheng Tower	244
房地产大厦	Real Estate Tower	246
河南移动通信郑州分公司郑东新区生产楼	Manufacturing Building of Zhengzhou Branch, Henan Mobile Communications	248
国泰财富中心	Cathay Pacific Wealth Centre	250

7. 文化教育建筑　　　　252
Buildings for Education

郑州市第四十七中学高中部	Senior Department of Zhengzhou 47th Middle School	253
郑州市第四十七中学初中小学部（思齐学校）	Primary & Junior Department (Siqi School) of Zhengzhou 47th Middle School	262
海文幼儿园	Haiwen Kindergarten	267
郑东新区游客中心	Visitor Centre of Zhengdong New District	273

后记
Postscript

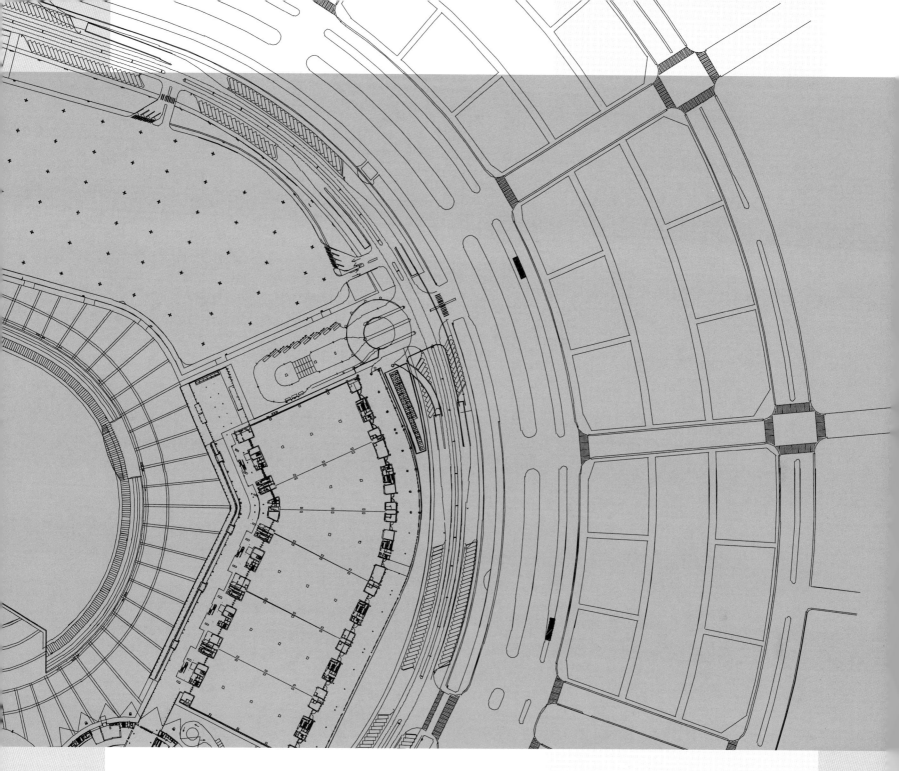

CBD城市设计
CBD Urban Design

第一部分
Part I

第一部分 Part I

CBD城市设计
CBD Urban Design

005 CBD 总体规划
Master Plan of CBD

016 CBD 城市设计导则
Guidelines for Urban Design of CBD

021 CBD 景观规划设计
Landscape Planning and Design for CBD

079 CBD 商业街规划与设计
Commercial Street Planning and Design for CBD

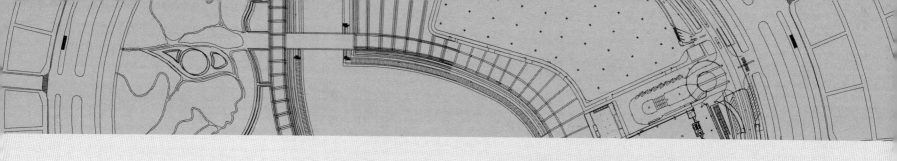

CBD总体规划
Master Plan of CBD

黑川纪章建筑·都市设计事务所
Kisho Kurokawa Architect & Associates

起步区、龙湖地区土地利用规划图

CBD总体规划
Master Plan for CBD

1 概述

1.1 商务中心区（CBD）的性质

在郑东新区总体发展概念规划的基本构思中，确定了商务中心区不仅将成为郑东新区的核心，也将成为国家区域中心城市——郑州的核心。商务中心区将形成汇集办公、研究、教育文化、商业、住宅等多种城市功能的新型城市中心。商务中心区以共生城市（Symbiotic City）和新陈代谢城市（Metabolic City）为基础，作为郑州市的新核心、新形象，必将成为世界上独具魅力的新型城市中心区。商务中心区以中原文化和自然环境为背景，规划的"郑州国际会展中心"和"河南省艺术中心"，也必将成为国际商务及文化艺术的中心。

1.2 商务中心区的总体结构与功能

商务中心区：位于起步区，黄河东路路南侧，即旧机场部分。

功能：金融办公、商业、居住地区；居住用地面积72.02hm^2；规划人口4.50万人；人均居住面积16.0m^2。设置相应的文化活动中心、中学、小学、幼儿园、零售商业中心、卫生站、储蓄所、派出所、街道办事处等配套设施。

1.3 商务中心区的土地利用

1.3.1 随着城市功能和作用的多样化、综合化，以及新时代商务中心区生活方式的变化，过去单一的土地利用方式已经难以适应。为此，新时代的土地利用必须是综合的土地利用方式，也必须具有24小时城市的功能。

1.3.2 商务中心区环形街区的内侧地块，是多种功能复合的、综合性最高的地区，是工作人员、来访客人以及商务中心区居住者的工作生活地区，包括从日常购物到国际性集会、个人人际交往、庆典、聚会、住宿、娱乐等丰富多彩的生活活动。因此有必要引入高密度的复合城市功能，并进一步形成以人行为主体的新型的综合侧檐空间。

1.3.3 环形街区外侧地块是以商务办公功能为主的立体型（高层）土地利用地区，与人行道连接的低层部分是商业等复合生活设施。

1.3.4 商务中心区是国际性城市、24小时城市。对于居住地区，不单是居住的生活场所，也引入了一部分复合设施。

1.3.5 与商务中心区中心连接的运河、湖泊的两侧，不仅是消遣、娱乐、休憩的场所，也形成了绿地、公园等生态回廊的网络，其中的各种设施以各自不同的建筑形态表现各自独特的性格。

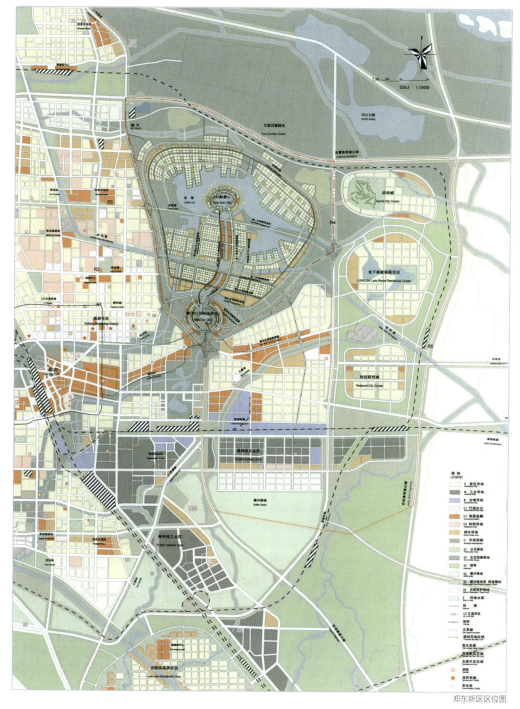

郑东新区区位图

核心区重点项目平面布置图-A

核心区重点项目平面布置图-B

核心区重点项目平面布置图-C

1.4 容积率的设定
（1）环形街区外侧地块：8.0
（2）环形街区内侧地块：6.0
（3）商业步行街：2.0
（4）环路外围区域：1.0

1.5 城市设计导则及其目的
为形成协调的、良好的城市环境，我们建议制定必要的最小限度的规划设计导则。在注意不要成为呆板的、僵硬的标准规划设计的同时，遵守以下共同的理念：

创造让后人值得骄傲的文化价值
与自然共生
与历史共生
人与车辆共生
新陈代谢式的分期开发建设

1.6 景观设计
商务中心区平面形态以直线与大小两个圆相切形成蛋形的有机形态，与周围环境取得协调。在其周围环形设置高层建筑形成独特的城市形象。

商务中心区是以公园为中心，周围沿环形道路设置高层建筑群的环形城市。通过混合设置商务办公、商业、居住等设施，形成24小时的环形城市。环形城市没有中心，能缓解交通阻塞现象。环形城市也是与公园森林（自然）共生的城市。

郑州会展中心和河南艺术中心设置于公园之中。位于中心公园的人工湖通过运河与国际旅游居住城市（CBD副中心）的中心公园连接起来，有船舶、游艇的穿梭航班。

鸟瞰图

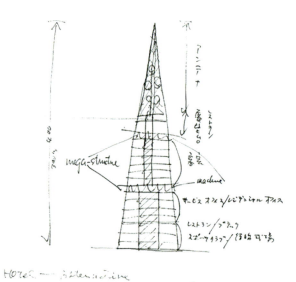

黑川纪章 会展宾馆构思草图

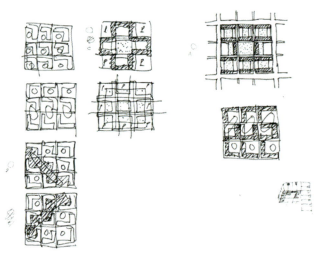

黑川纪章 "四合院"构思草图

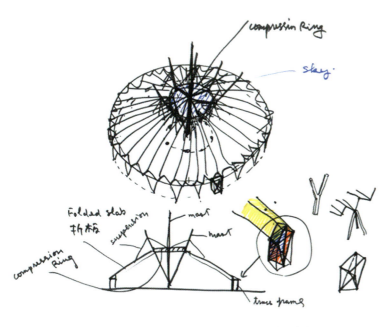
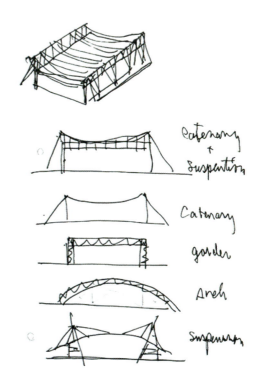

黑川纪章会展中心构思草图

为创造出独具特色的景观，将金水河、熊耳河以及东风渠改造为运河，形成超过威尼斯和阿姆斯特丹的、象征世界上最新水路城市的水滨景观。

环形城市的中心公园中，与会展中心相连的400m高，六角锥形的"会展宾馆"（五星级国际标准宾馆，700间标准客房）是象征21世纪的标志塔和纪念碑。从地面到180m高度以下是宾馆等综合设施，上部是可以瞭望郑州市全域和黄河的瞭望台，瞭望台上部为地面数字广播电视天线。

以传统与现代共生为目的，原则上各个城市街区采用中国传统的四合院（内庭园）和胡同（小巷）方式，不仅可提高地块的边界性，也可形成郑东新区独特的风格。

1.7 城市景观

1.7.1 城市天际线

商务中心区的城市景观将成为郑州市的标志物，通过高度统一的高层建筑和纪念碑式的尖锥建筑的方式来突出表现这种城市景观。

1.7.2 商业步行街

环形街区的中心道路规划为人行专用（包括自行车）的商业步行街，街道两侧布置小卖部、百货店，形成热闹、舒适的商业大街，中间部分为15m宽人行步道，是线形公园用地，设置人行道、自行车道以及公共服务设施（包括公共电话、公共厕所、街灯、座椅等街道小品），两侧为商业用地，根据规划导则义务种植街道树木。一层、二层外墙后退5m形成外廊空间，不仅使人避免风吹雨淋，也形成了行人凭眺的空间。

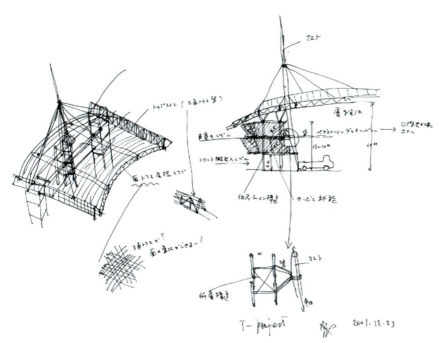
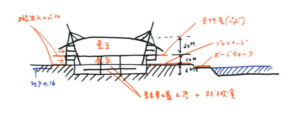
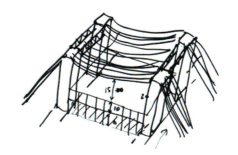

黑川纪章会展中心构思草图

会展中心效果图

1.7.3 人行平台网络

为保证环形街区安全,为行人规划了舒适的平台网络系统。以人车分离,如行人和车辆立体交叉等为原则,特别是在冬季也能提供舒适快乐的人行空间。在二层规划了室内的人行平台、商业街、中庭,并与室内停车场相互连接。从重视景观的视点出发,停车场原则上不允许地面停车。由于将设备用房置于地下,因此,后勤、维修、搬运、垃圾处理等车辆的出入均设置在地下一层。

1.7.4 夜晚景观

街道的照明有提高交通安全、防止犯罪、发展商业、装饰城市的作用,有必要根据这些目的进行相应的照明规划。

为从远处也能欣赏城市的立体环形形态,制定高层建筑的照明设计导则。

考虑到运河及中心湖周围建筑的戏剧性效果,制定表现丰富多彩的水滨空间的照明规划。

制定表现尖锥形超高层建筑及会展中心、艺术中心建筑美的照明设计。

把商业街作为24小时娱乐的场所,采取单纯明快的照明设计。

对霓虹灯,在两个环形城市的商业街不进行限制,而只对办公、住宅一侧进行限制。

1.8 地块控制规划

通过制定建筑高度控制导则,形成独特的景观和天际线。新城市中心区的环形街区内侧地块,原则上规划住宅、文化、商业、公共设施(广播电视、证券、银行、消防、警察、邮局、医院及其他服务设施),也规划一部分办公设施,其建筑最高高度为80m(容积率为6.0);环形街区外侧地块,规划其他办公、商业设施,其建筑高度统一为120m(容积率为8.0)。

为确保协调的街区景观,各个地区进行建筑控制。建筑物高度控制(除景观上的控制外,还须以合理的土地利用规划为基础,确保适应将来适当的人口密度、交通量、城市基础设施、城市功能和居住环境)。

1.8.1 环形街区外侧(商务办公地区)

高层部分:建筑绝对控制高度为120m

低层部分:建筑最高高度为30m

容积率为:8.0

环形街区内侧(综合地区)

高层部分:建筑最高高度为80m

低层部分:建筑最高高度为30m

容积率为:6.0

环形街区中央步行街(商业地区)

建筑绝对高度为15m

容积率为:2.0

1.8.2 外墙面控制

各街区的建筑规划,与现在上海、深圳的超高层建筑周围均是空地的规划不同,低层部与高层部组合,沿街道形成统一的外墙面。

为形成统一协调的城市景观，各街区面向公共道路的部分，原则上建筑红线后退道路红线一定距离。

环形街区的中心道路（商业街）两侧，三层以上（30m以下）的外墙面后退道路红线5.5m，一层、二层部分（地面以上10m的范围）的外墙面再后退5m。

1.8.3 建筑物等的色彩规划

为形成协调一致的良好的城市环境，建筑物的屋顶、外墙、以及附属于建筑物的公共设施、设备等的色彩，原则上避免采用原色。为与周围环境取得协调，使用安宁明亮的色调。选择的色彩应根据气候、风土、传统、文化、习惯、地域性、市民的喜好等多种因素制定标准的色彩编号。同时，从大范围制定色彩规划的范围，并结合各个街区的特色进行色彩调配设计。

1.9 生态绿地系统

根据不同街道选择不同树种。

立足于生态系统，根据街区和道路的性格选择树种，突出街道转角的特征。同理，对干线道路采用统一树种，而对其他街道则采用多样的树种，特别是花木、果木等树种，以表现出季节的感觉。

把绿地作为郑州市全体生态回廊的一部分进行规划。

所谓生态回廊，就是将河流、森林、湖泊、运河、城市公园及其他孤立的生态系统连接成绿色网络。生态回廊不仅是为人类的公园，也是小动物、昆虫、鸟类、蝶类等其他生物种类可以自由移动的绿色回廊。

为促进雨水循环，公共人行道等采用透水性铺地。

2 郑东新区CBD交通基础设施和会展中心选址的研究

商务中心区是极具独创性、象征性、高密度的环形商务中心（CBD），交通会在此大量集中。因此，在本规划中，在引入地铁和环形轻轨交通的同时，通过规划连接中心区内环、外环的道路网等方式，强化中心区交通功能。并且，在郑州交通功能最高的地区引入这种设施，可有效地提高郑州市交通处理的能力，加强商务中心区的城市功能，扩大对周围市区的影响。在商务中心区规划有会展中心、艺术中心等设施，通过上述交通功能的加强，能够解决其交通问题。

以下我们将对环形城市的交通问题，以及是否将对城市功能形成障碍的问题进行论证。

对此，首先我们将对郑东新区CBD所具备的交通基础设施从宏观的角度进行讨论，然后还就预测发生大量交通集中的会展中心的选址问题，即对会展中心设置在环形城市结构的内侧还是外侧（西部）的方案也进行考察。

附加资料

资料1：郑州市不同客运交通方式出行量比较表（%）

	公交与轨道	私人小汽车、出租车	摩托车	自行车	步行	其他
1987年	2.2	0.1	0.3	63.1	33.0	1.3
2000年	6.5	3.0	5.4	48.7	30.6	5.8
2030年	30-40	19.0	4.0	15-20	25-	

注：根据《郑州市城市交通发展战略研究》2001年6月

资料2：日本中心城市圈交通特征比较表

	调查年	总人口（万人）	小汽车拥有率（辆/1000人）	总发生量（万次/日）	每人出行次数（次/人·日）	不同客运交通出行量比较（%）					
						铁路	公交汽车、电车	小汽车	摩托车	步行	其他
广岛市圈	1967年	75	138	283	2.72	10.2	16.1	19.7	10.1	43.3	0.6
	1987年	150	349	396	2.82	3.7	9.8	38.8	20.0	27.5	0.2
札幌城市圈	1972年	142	145	341	2.68	5.9	17.3	29.1	3.9	42.0	1.5
	1983年	198	325	521	2.85	11.6	7.4	46.1	9.2	25.7	–
	1994年	229	468	584	2.67	13.8	4.8	50.2	9.7	21.5	0.0
仙台城市圈	1972年	94	180	213	2.50	5.1	15.6	28.5	11.0	9.2	0.6
	1982年	128	334	286	2.42	4.7	10.2	35.7	16.8	32.5	0.1
	1992年	140	485	345	2.56	8.8	5.6	47.2	14.0	24.3	0.1
北海道城市圈	1972年	312	191	787	2.76	6.2	14.6	30.6	7.2	41.3	0.1
	1983年	460	318	1,082	2.53	6.7	8.6	37.8	15.8	31.0	0.1
	1993年	481	438	1,137	2.49	8.3	5.5	49.1	13.4	23.6	0.1

注：1. 城市圈总人口不仅包括净增长人口，也包含每年增加的指定城市圈范围。
2. 出行人次只计算主要的出行行为，如住宅、办公周围的步行等非常短距离的移动则不包括。
3. 利用多种交通手段的出行行为，以表中从左向右的优先顺序进行统计。

资料3：日本主要会展中心举办展览的实际客流量

（1）幕张会展中心：2001年东京汽车展开幕日 133000人/日（人流量最大日）

（用地面积21万m²、展览面积约72000m²、会议场、集会大厅（容纳人数9000人））

（2）东京BIGSITE会展中心：2001年商务展览开幕日 134800人/日（人流量最大）

（用地面积24万m²、展览面积81000m² 会议场）※均利用公共交通工具。

注：根据上述资料，将郑东新区国际会展中心每日的人流量设定为20万人。对之，有必要引入轨道交通系统。

资料4：关于CBD地区交通量概算的推算结果

表4-1 CBD地区集中发生的交通量

项目	用地面积（hm²）	容积率	建筑面积	居住人口/从业人口（人）	外来者（人/日）	人均出行次数	集中发生的人的交通量
	A	B	C=A×B	D	E	F	G=F×(D+E)
居住用地	50.32	6	302	43000	–	3.0	129000
商业办公用地	63.75	8	510	100000	30000	3.0	390000
CBD地区合计	–	–	–	143000	30000	–	519000

注：1. 外来者按从业人口的30%概算。
2. 人均出行次数包括在CBD内的购物等行动按3次/人计算。

2.1 郑东新区的 CBD 的交通基础设施

2.1.1 新区 CBD 的道路结构：极强的环形放射状干线道路网络

现有的郑州市道路结构，通过环形放射状的干线道路系统强化了城市交通功能，使过往交通可以不进入 CBD 内部，形成了合理的环形放射状干线道路网络。

这些环形干线道路与 CBD 的区位条件（在郑州全市的位置、与有关区域干线道路的位置关系）具有很好的协调性，即：

CBD 外侧的 3 条环形道路担负对外交通的主要功能，分担了穿越 CBD 的过往交通。

CBD 内的环形道路为过往交通提供了绕行道路的形式，使过往交通极难进入 CBD 中心。

中央公园内环道路可以与快速道路直接连接。

2.1.2 放射状道路网：规划 14 条放射状道路

规划了 14 条放射状道路与 CBD 内的内、外两条环形道路相连接。这些道路的大致状况如下所示：

区域干线直接连接的路线：107 国道以及熊耳河北干线直接与东四环衔接。

新区内中心轴线道路：第一、第二、第三以及第四中心轴线道路。

与 CBD 外部的其他环状道路以及周围市区的联系道路。

这些放射状道路分别担负着连接区域、市区、新区内部的功能，同时分别与新区 CBD 内、外环道路和外围环形道路相连接，全方位实现了直接联系CBD 内的交通服务。

2.1.3 新区 CBD 道路容量的论证

环形道路规划为 18 条车道 > 8 条车道、放射形道路规划为 60 条车道 > 16 条车道，大幅度超过供需均衡和规划水准。

对于 CBD 内、外两条环状道路，以及 12 条放射状道路，从宏观的、长期的角度出发，对于是否在交通容量方面存在问题进行了论证。

目前，郑州市的车辆利用率虽然不到 10%，但必须按照未来中长期将达到与其他世界城市相同的车辆利用率进行中长期考虑。因此，对于设定的全部人员行程采用车辆交通手段的分担率达到大约 20% 水准阶段的道路容量进行讨论。另外，在这里进行讨论时先不考虑会展中心，而在 2.2 讨论包括会展中心在内的交通量。

新区 CBD 相关交通需求的预测（参照表 4-1 至表 4-7）

集中交通发生量约为 50 万人次 / 日。

由居住者以及就业人口所发生的出行量约达 50 万人次 / 日。

将来的公共交通的交通量约为 20 万人 / 日，私家车交通量约为 10 万人 / 日。

根据《郑州市交通规划战略研究报告》中指出的

表 4-2 CBD 地区不同交通工具的分担率

	总交通量·交通量	轨道交通	公共汽车	私家车·出租车	摩托车	自行车	步行	其他
短期（2000 年）	100%	0%	6.5%	4.8%	5.4%	48.7%	48.7%	4.1%
中期（中间值）	100%	14.3%	6.5%	11.9%	4.7%	4.7%	31.8%	3.0%
长期（2030 年）	100%	28.5%	6.5%	19.0%	4.0%	4.05%	15.0%	2.0%

注：1. 郑州市不同交通工具分担率的短期（2000 年）及长期（2030 年）的数值根据《郑州市交通规划战略研究》。中期的数值取短期与长期的中间值。

2. 公共交通工具中公共汽车的分担率按相同分担率推移。轨道的分担率按公共交通的分担率减去公共汽车的分担率的值。

表 4-3 人的不同交通工具的交通量的设定 （人 / 日；往返）

	人的交通量（人/日）	轨道交通	公共汽车	私家车·出租车	摩托车	自行车	步行	其他
短期（2000 年）	519000	0	33700	24900	28000	252800	158800	21300
中期（中间值）	519000	74200	33700	24400	24400	165000	144300	15600
长期（2030 年）	519000	147900	33700	98600	20800	77900	129800	10400

表 4-4 汽车发生的集中交通量 （辆 / 日；往返）

	汽车总量·交通量（辆/日）	公共汽车	私家车·出租车	备注
短期（2000 年）	20900	1700	19200	公共交通工具只有公共汽车
中期（中间值）	49200	1700	47500	公共交通工具为轨道交通及公共汽车
长期（2030 年）	77500	1700	75800	公共交通工具为轨道交通及公共汽车

注：私家车、出租车的平均乘车人数按 1.3 人 / 辆设定，公共汽车的平均乘车人员按 20 人 / 辆设定。

表 4-5 高峰期汽车发生的集中交通量的设定

	汽车交通总量（辆/日）	高峰期率	高峰期交通量（辆/小时）
短期（2000 年）	20,900	30%	6,000
中期（中间值）	49,200	30%	15,000
长期（2030 年）	77,500	30%	23,000

注：日交通量的高峰期高定为 30%。

表 4-6 验证环形公路所必要的车道数（根据汽车交通量最大的长期时间进行验证）

项目	汽车交通总量（辆/小时）	环形线利用率	区段重复率（平均1/3周长）	断面交通总量（辆/小时）	车道容量（辆/小时）	必要车道总数（车道）
	A	B	C	D=A×B×C	E	F=D/E
环形公路	23000	100%	0.34	7820	1000	8

注 1. 环形公路的评价按 CBD 地区汽车交通量最大的长期时间进行验证，并设定所有车辆均利用环形公路。

2. 设定利用环形公路的车辆的平均行走距离为 1/3 周长（0.34 周长）。

3. 道路容量设定为交叉点有交通信号的市区公路、车道容量为 1000 辆 / 小时·车道（1800 辆 / 小时·车道 ×0.6（绿灯率））。

现状以及未来交通手段的分担率，推测各种交通工具的交通量（基于人员），从长期的观点出发，公共交通的交通量约为 18 万人 / 日（轨道交通约为 15 万人 / 日，公共汽车约为 3 万人 / 日），私家车约为 10 万人 / 日。

汽车交通需求在短期内约为 2 万辆 / 日（高峰时约为 6000 辆 / 小时），在长期上约为 8 万辆 / 日（高峰时约为 23000 辆 / 小时）。

对于这些交通量，只要环形道路的车辆增加，以及发生于定向的放射形道路上的情况，也能够充分对应。

对于公共交通的需求，目前以公共汽车对应，中长期规划将采用轨道交通系统。

在短期内，公共交通的交通量约为 3 万人 / 日，在长期上将增加至约 18 万人 / 日。因此，在短期内以连接市内各地区的线路公共汽车（约 1700 辆 / 日往返）对应，在中长期上采用地铁、LRT 等对应是必要和合理的方法。

2.2 关于会展中心的选址

2.2.1 会展中心相关交通量的预测

相关交通量的预测（参见附加资料5）

对于会展中心关联交通量按照以下预测（短期预测结果）。

进出货运的车辆：卡车约 3000 辆 / 日～往返（高峰时为 900 辆 / 小时～往返）

进入人员数量：约 20 万人（城市以及周围地区约 8 万人，区域（全国）约 12 万人）

各种交通工具

长途公共汽车：约 2400 辆 / 日～往返（高峰时 720 辆 / 小时～往返）

单位租用公共汽车：约 140 辆 / 日～往返（高峰时 42 辆 / 小时～往返）

常规公共汽车：约 360 辆 / 日往返（高峰时 108 辆 / 小时～往返）

连接铁路站公共汽车：约 2400 辆 / 日～往返（高峰时 720 辆 / 小时～往返）

合计：约 5300 辆 / 日～往返（高峰时 1590 辆 / 小时～往返）

私家车：约 2900 辆 / 日～往返（高峰时 870 辆 / 小时～往返）

在长期上，预测将增加到私家车的交通量约为 11700 辆 / 日，高峰时为 3610 辆 / 小时。

在以上计算的基础上，再验证规划的交通量是否满足增加会展中心之后的交通总量。

环形道路的交通总量：高峰时 CBD 的交通总量 23000 辆 / 小时加上会展中心的交通总量 5280 辆 / 小时，总计 28280 辆 / 小时。

(1) 环形道路的验证

假定区段重复率为 0.34（平均 1/3 周长），则断

表 4-7 验证放射公路必要的车道数（根据汽车交通量最大的长期时间进行验证）

项目	汽车交通总量（辆/小时）	环形线利用率	区段重复率（平均1/3周长）	断面交通总量（辆/小时）	车道容量（辆/小时）	必要车道总数（车道）
	A	B	C	D=A*B*C	E	F=D/E
放射公路	23000	70%	1.0	16000	1000	16

注 1. 设定利用放射公路的内外交通占汽车交通总量的 70%。
2. 设定内外交通均利用放射公路。

资料 5 会展中主交通量概算的推算

5-1 展品搬进搬出车辆的推算

表 5-1 会展中心搬进搬出车辆发生的集中交通量

项目	工作车辆（辆）	作业日数（天）	往返	1日搬进搬出交通量（辆/日）	备注
	A	B	C	D=A/B×C	
搬进	3000	4	2	1500	
搬出	3000	2	2	3000	使用

注：1 进出货车台数根据日本幕张会展中心举办最大型展览－汽车展时的台数（2000）台的情况进行的计算。
2 进出货车的最大台数使用拆除时集中搬出的交通量。

5-2 来客的交通需要的推算

(1) 来客发生的集中交通量

表 5-2-1 会展中心的来客人数

	总数	市区及郊区	大范围区域
来客人数（人/日）	200000	80000	120000
所占比例	100%	40%	60%

注：将市区及郊区与大范围区域（全国）分为两个大的部分，其比例设定为 4:6。

表 5-2-2 会展中心发生的集中交通量

	总数	市区及郊区	大范围区域
来客人数（人/日）	200000	80000	120000
往返	2	2	2
发生的集中交通量（人/日）	400,000	160,000	240,000

注：人均出行数按单纯的往返行动设定为 2。

(2) 不同交通工具的分担率

表 5-2-3 不同交通工具的分担率（市区及郊区）

	合计	轨道交通	租用公共汽车	一般线路公共汽车	私家车·出租车	摩托车	自行车	步行	其他
短期（2000年）	100%	0%	4.5%	4.5%	2.4%	5.4%	48.7%	30.6%	4.1%
中期（中间值）	100%	17.8%	4.5%	4.5%	6.0%	4.7%	31.8%	27.8%	3.0%
长期（2030年）	100%	35.6%	4.5%	4.5%	9.5%	4.0%	15.0%	25.0%	2.0%

注：1. 对于市区及郊区，以验证 CBD 地区的交通工具分担率为基本，对于私家车、出租车原则上采取限制措施，利用私家车的一半人转用公共交通工具。

这部分的交通工具的分担率转加在公共交通工具（轨道交通，租用公共汽车，公共汽车）上。

2. 设定租用公共汽车与常规公共汽车相同利用，按现在的分担率推移。

面交通总量为 9615 辆 / 小时。以车道容量为 800 辆 / 小时（在日本通常按 1000 辆 / 小时）计算，则车道数为 12.02。

12.02 车道（必要车道数）< 18 车道（规划车道数）

(2) 放射状公路的验证

上述总计 28280 辆 / 小时的交通总量中，放射线的利用率按规划的环形线 18 车道占 30%、放射线 60 车道占 70% 的比例计算，放射线的交通总量为 19796 辆 / 小时。以车道容量为 800 辆 / 小时（在日本通常按 1000 辆 / 小时）计算，则车道数为 24.75 车道。

24.75 车道（必要车道数）< 60 车道数（规划车道数）

从上述 (1) 和 (2) 的论述中，充分证明了将会展中心选址在 CBD 地区，也完全能够满足交通总容量。

2.2.2 考虑到相关交通量在交通规划方面的注意点

对于进出运输的卡车，高峰时为 900 辆 / 小时左右。车道路容量上虽然为 1 条车道部分左右，但是应确保与区域干线直接相连。为此，应确保与 CBD 南侧 107 国道以及熊耳河北道路直接相连。

对于公共汽车，包括长途公共汽车以及单位租用公共汽车、常规公共汽车、连接铁路站公共汽车等，高峰时约为 1500 辆 / 小时。虽然道路容量为 1.5 条车道左右，但是长途公共汽车应与区域干线道路直接连接；单位租用公共汽车以及常规公共汽车应与市内及郊区道路连接；连接铁路站公共汽车，在长期上可以由轨道系统代替。

对于一般的私家车，虽然以限制为基本方针，但是也包含一部分业务用车，短期高峰交通量约为 900 辆 / 小时（相当于 1 条车道数）。长期高峰交通量推测为约 3500 辆 / 小时（相当于 4 条车道数）。在短期内虽然没问题，但是在长期上需要进行适当的分散，避免向特定的道路集中。

对于上述合计的必要车道数量，在短期内约为 4 条车道数，在长期上约为 6 条车道数，如果向 CBD 内的放射形、环形线路分散，各条道路可以充分负担这些交通负荷。

预测在停车场出入口附近将发生相当程度的交通阻塞。因此需要尽可能分散停车场出入口，并且需要采用易于向数条道路分散的措施。

2.2.3 从交通处理的角度考虑会展设施选址

根据交通需求预测的结果，在宏观考虑道路交通处理方面，不论设置在环状城市的内侧或者外侧，环形道路基本上都具有充分的容量。

但是从与区域干线道路的直接连接性、与市内各区域的连接性，以及交通分散效果方面考虑，设置在交通基础设施完善的环形城市内侧更有利。而设置在环形城市外侧时，难以与区域干线道路直接连接，由

表 5-2-4 不同交通工具的分担率（大范围区域）

	合计	与区域铁路联系的公交车	长途公共汽车
短期（2000 年）	100%	50.0%	50.0%
中期（中间值）	100%	50.0%	50.0%
长期（2030 年）	100%	50.0%	50.0%

注：从区域（全国）来的方式，主要分为利用铁路（从铁路站的线路公共汽车）和利用长途公共汽车两种方式，利用方式按对半分。

（3）不同交通工具的交通量（按人换算）

表 5-2-5 不同交通工具的人的交通量的设定（市区及郊区）　　　　　　　　　　　　　　　（人 / 日：往返）

	人的总交通量	轨道交通	租用公共汽车	一般线路公共汽车	私家车·出租车	摩托车	自行车	步行	其它
短期（2000 年）	160000	0	7100	7100	3800	8600	77900	49000	6600
中期（中间值）	160000	28500	7100	7100	9600	7500	50900	44500	4800
长期（2030 年）	160000	57000	7100	7100	15200	6400	24000	40000	3200

表 5-2-6 不同交通工具的人的交通量的设定（大范围区域）（人 / 日：往返）

	人的总交通量	与区域铁路联系的公交车等	长途公共汽车
短期（2000 年）	240000	120000	120000
中期（中间值）	240000	120000	120000
长期（2030 年）	240000	120000	120000

注：利用区域铁路从铁路站换乘的人流，短期考虑利用公共汽车，中长期考虑利用地铁、LRT。

（4）不同交通工具的交通量总汇（按汽车换算）

表 5-2-7 汽车交通量总汇　　　　　　　　　　　　　　　　　　　　　　　　　　　　　（辆 / 日·往返）

	搬进搬出车辆	租用公共汽车	一般公共汽车	长途公共汽车	连接铁路站公共汽车	公共汽车小计	私家车	合计
短期（2000 年）	3000	140	360	2400	2,400	5300	2900	11200
中期（中间值）	3000	140	360	2400	※	2900	7400	13300
长期（2030 年）	3000	140	360	2400	※	2900	11700	17600

注：1. 长途公共汽车、连接铁路站公共汽车、租用公共汽车设定为 50 人 / 辆，一般线路公共汽车设定为 20 人 / 辆。私家车平均搭乘车人员为 1.3 人 / 辆。

2. 中长期的连接铁路站公共汽车的交通量由地铁及 LRT 负担。

于交通分散线路较少，将出现交通瓶颈的地点。

从停车场出入口分散的问题方面考虑，设置在环形城市内容易实现分散。如果设置在环形城市外侧，在停车场出入口的外侧环形道路上易发生交通拥挤。

从长期考虑，作为公共交通的地铁、LRT 将承担更多的人流疏散，而轨道交通系统规划在内侧环形道路上。由此从这个角度出发，也认为设置在环形城市的内侧更为有利。

将会展中心设置在外侧（西侧）时，将难于设置货运专用通道。

将会展中心放在西侧时，1000 辆大型公共汽车的停车空间只能设置在外侧环状道路的西侧，在交通处理上将出现问题。

2.2.4 考虑到上述在交通处理方面的问题，将会展中心设置在环形城市内侧更为有利

将交通处理问题除外，把会展中心设置在外侧（西侧）时还会有如下问题：

会展中心、会展宾馆以及艺术中心在运营上难以形成协作，对于利用者也不方便。

无法建立与中央公园、中心湖以及商业购物街联动的景观。

外侧（西侧）被 107 国道以及高架快速路包围，难以形成地标建筑。

设置在外侧（西侧）时，室外展示空间只能设置在货运穿越区域以及装卸场地的位置，将难以形成与室内展示的联动。

综上所述，将会展中心放在环形道路内侧是非常有利的。

表 5-2-8 汽车交通量汇总（高峰期） （辆/日·往返）

	搬进搬出车辆	租用公共汽车	一般公共汽车	长途公共汽车	连接铁路站公共汽车	公共汽车小计	私家车	合计
短期（2000 年）	900	42	108	720	720	1590	870	3360
中期（中间值）	900	42	108	720	※	870	2220	3990
长期（2030 年）	900	42	108	720	※	870	3510	5280

注 1. 长途公共汽车、连接铁路站公共汽车、租用公共汽车设定为 50 人/辆，常规公共汽车设定为 20 人/辆。私家车平均乘车人员为 1.3 人/辆。
2. 中长期的连接铁路站公共汽车的交通量由地铁及 LRT 负担。

（5）验证停车场规模

对于会展中心从交通需要上验证停车场规模。验证的车辆包括进出货车、长途公共汽车（区域）、租用公共汽车（市区及郊区）。

表 5-3 验证必要停车场规模

设定车辆	设定需要（集中时）（辆/日）	停车率	停车需要（辆/日）	周转率	停车场辆数（辆）
	A	B	C=A×B	D	E=C/D
搬进搬出车辆	1500	100.0%	1500	1	约1500
长途公共汽车（区域、全国）	1200	100.0%	1200	1	1200
租用公共汽车（市区及郊区）	70	100.0%	70	1	70
公共汽车合计	—	—	1270	—	约1500
私家车	5850	100.0%	5850	2	2900
停车场合计					约5700

注：1. 设定全部搬进搬出车辆、长途公共汽车（区域）、租用公共汽车（市区及郊区）均停放在会展中心的停车场。

2 CBD城市设计导则
Guidelines for Urban Design of CBD

黑川纪章建筑·都市设计事务所
Kisho Kurokawa Architect & Associates

1 总则

本导则根据《郑州市城市总体规划》、黑川纪章事务所编制的《郑东新区起步区详细规划最终成果》（修订稿）及《郑州市郑东新区 CBD 地区建筑·环境设计导则（方案）》编制。

本设计导则是为满足与 21 世纪新型城市中心相适应的功能要求，并形成舒适的城市环境，通过建筑·环境形成的基本设计构思，以形成与总体规划相协调的城市街区为目的而制定的。

本设计导则由郑州市城市规划行政主管部门负责解释。

2 地块的利用

2.1 地块的规模

为了防止形成繁杂的街区，不得对现状地块进行分割开发，或将其中一部分向第三方转让。此外，禁止将相邻的数块地块合成一体，并且禁止改变街区形状和取消道路。但是，不被城市道路分割的相邻地块并属于同一建设单位的，地下室部分可以连通。在确保道路的功能和安全性的前提下，经市政府预先批准，可以设置用于不同地块建筑物间相互连接的天桥及通道，以及在相邻地块之间设置的人行天桥（人行天桥为高度 10 m 以下的 2 层或 3 层的相互连接层。

在这种情况下，应由开发单位编制结构方面和消防方面的安全评价资料，并接受专家委员会的认定。

2.2 绿化带

为了形成丰富广阔的绿化环境，需认真考虑地块的绿化。

2.2.1 地块内空地的绿化

应尽量使地块内的空地得到绿化，同时应考虑已建的绿地的公共性利用。

2.2.2 有关建筑物后退道路红线（建筑控制线）场地的绿化

根据建筑控制线规定，建筑物后退道路红线的场地利用，应考虑以下事项：

在建筑物前面的主要道路，应配合市政管理部门种植行道树，与之相应的建设建筑控制线附近的道路环境。

对建筑物后退道路红线的场地应考虑在火灾发生时的消防活动。室外的植树范围、树种等不得影响消防活动，并确保留有必要的空间。

原则上，不允许在建筑物后退道路红线的场地内设置零星建筑物。

2.2.3 屋顶绿化

必须考虑建筑物（或停车场）的屋顶绿化。

2.3 道路等的出入口

为了确保道路景观的连续性和步行者的安全，停车场的出入口应尽量避开主要道路，面向辅助道路布置。

2.4 停车场

对于环形街区外侧地块（办公商业地区）和环形街区内侧地块（综合地区）的停车场，在各个地块内应根据国家法规的规定，按每户一个停车位的标准设置停车泊位。停车场应设置在建筑物的地下层及低层部分，原则上不得在地面停车。

有关停车场的位置设定，应注意不得妨碍主要道路的景观（根据图 1）。

有关服务、维修、搬运及垃圾处理等后勤车辆的停车场，应设置在地下层。

在环形街区的中央道路（商业步行街），应在地下一层规划设置公共收费停车场，除了供商业设施的营业人员使用外，还可以提供给一般顾客使用。

地下停车场的面积不计入容积率内，地上立体停车场只将其 1/2 的面积计入容积率内。

3 建筑物

3.1 建筑密度

在郑东新区进行的 CBD 建设中，通过规定详细的控制性指标，对国家一般建筑规范的控制指标进行缓和。

在该地区内，通过控制外墙面的位置从而确保空地，因此不设定有关建筑密度的控制指标。但是对于基地内建筑物的间距，应尽量设置适当规模的空地以确保采光和通风的需要。

图1 停车场出入口的设置

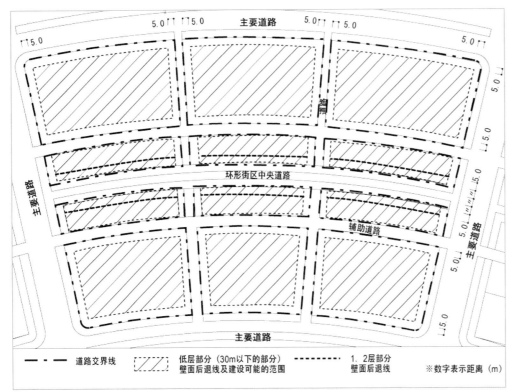

图2 低层部分（高度在30m以下）的位置控制

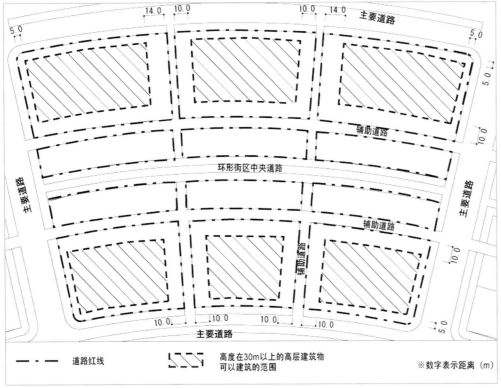

图3 高层部分（超过高度30m）的建筑可能的范围

3.2 容积率、绝对高度

3.2.1 环形街区外侧（办公商业地区）

高层部分：建筑绝对高度为120m

低层部分：建筑最高高度为30m

容积率：8.0

3.2.2 环形街区内侧（综合地区）

高层部分：建筑绝对高度为80m

低层部分：建筑最高高度为30m

容积率：6.0

3.2.3 环形街区的中央道路（商业步行街）

建筑绝对高度为15m

容积率：3.0

建筑绝对高度是指自室外地面至女儿墙顶的高度。女儿墙的高度不得超过3m，机房、水箱、楼梯间等屋顶附属物的面积之和不得超过屋顶面积的1/6。如果附属物高度确需超过女儿墙高度，应后退外墙面5m以上，以避免在景观上造成突出。

3.3 建筑物的墙面位置（建筑物的退让）

3.3.1 环形街区外侧地块（办公商业地区）

有关高度在30m以下的低层部分建筑物外墙面，面对主要道路及辅助道路的均应按图2所示，后退道路红线5m以上。

有关高度在30m以上的高层部分建筑物外墙面，按照图3所示，应距离与环形道路垂直相交的辅助道路红线14m以上，距离环形街区商业步行街方向的辅助道路红线10m以上。但在没有与环形道路垂直相交的主要道路的情况下，可以将辅助道路的其中之一视为主要道路。

对于高层建筑，应尽可能布置在靠近主要道路交叉部分的位置。在后退道路红线的场地中，为避免妨碍消防活动，不得设置零星建筑物、平台等。并且应根据各地块道路的状况，进行绿化及人行道的建设，维持良好的环境。

3.3.2 环形街区内侧地块（综合地区）

关于高度在30m以下的低层部分，以及一、二层部分的外墙面，具有与环形街区外侧地块相同的控制。

关于高度在30m以上的高层部分的外墙面，根据图3，应距离与环形道路垂直相交的辅助道路红线10m以上。

3.3.3 环形街区的中央道路（商业步行街）

关于面对公园部分的外墙面位置，根据图4，三层的外墙面与道路红线位置一致。一、二层部分的外墙面与后退道路红线5m的位置取齐（绝对位置），使后退部分能够作为有拱顶的商业街人行道。对于面对与环形道路垂直交叉方向的辅助道路的外墙面，与后退道路红线5m的位置取齐；面向环形道路的建筑物外墙面与道路红线位置取齐。应在中央道路的线形公园内种植行道树，并在公园内设置座椅、公用电话亭等街道小品。车道交叉处应设置人行过道，实现人流与车流的彻底分离。

3.4 关于建筑物的设计

设计建筑物时，对高层部分（高度超过30m的部分）和低层部分（高度低于30m的部分）应采用不同构思，以减轻建筑物的体积和压迫感。但如同办公楼和塔形公寓大楼那样，当上层建筑物的体积延续到30m以下时，则不能根据高度划分高层和低层部分，应根据形状进行判断。建筑物应以现代风格为主，不宜采用中国仿古建筑或欧式仿古建筑风格。

3.4.1 低层部分（高度低于30m的部分）

对于低层部分的墙面，宜采用天然石材（包括天然石材格调的人造石材）、瓷砖（应与天然石材的色调相和谐），或者采用清水混凝土饰面，应尽量限制金属性墙板及玻璃墙面的使用。

3.4.2 高层部分（高度超过30m的部分）

对于高层部分的建筑物，对于设计构思和材料不作限制，但应遵守色彩等其他项目的限制内容。

3.5 关于色彩

在选择建筑物的色彩时，应注意与周围环境的协调，采用稳重、明快的色调，禁止将大面积原色和突出色用于外部装饰。

3.6 关于主要立面的方向

建筑物的主要立面应面对主要道路的方向，应注意考虑形成良好的街道环境（参照图5）。对于建筑物的高层部分，应尽可能接近主要道路的交叉部分进行布置。

3.7 关于面向环形街区中央道路的建筑物

在环形街区的中央道路内设置5m宽的中央分离带作为线形公园用地，并在其两侧设置5m宽的慢车道，形成15m宽的道路。

在此道路两侧，设置零售商店和百货商店以形成购物中心。建筑物的一、二层后退道路红线5m，设计为雨天也可以行走的骑楼式购物空间。建筑物一层层高为6m，二层层高为5m、三层层高为4m。

相邻地块之间可设置人行天桥连接（参照照片1-6）。

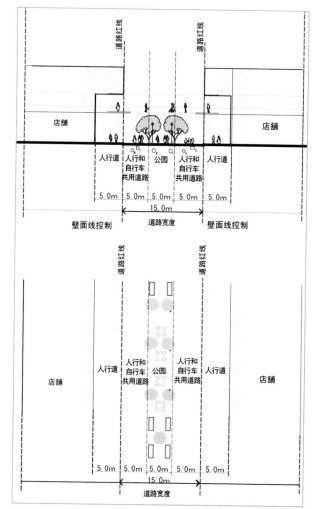

图4 环形街区中央道路的空间结构、壁面线控制

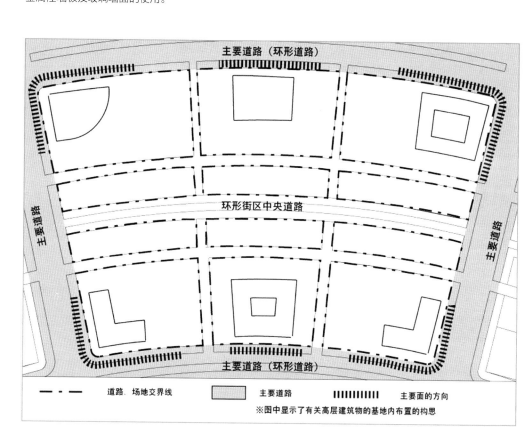

图5 主要面的方向

照片1 试点地区构成意象(环形中央道路方向)

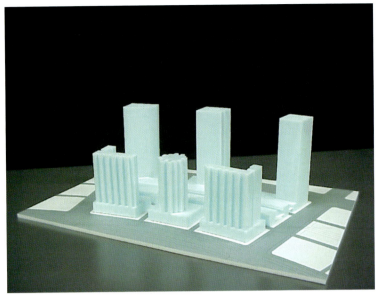

照片2 试点地区全景

照片3 环形街区的中央道路街景1

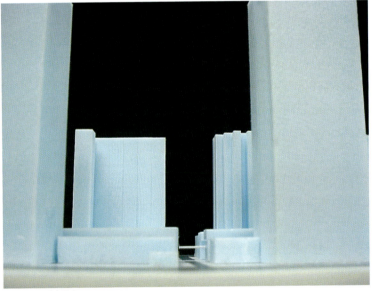

照片4 辅助道路景观

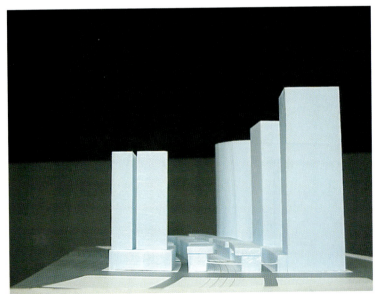

照片5 环形街区的中央道路街景2

照片6 环形街区的外侧基地的建筑意象

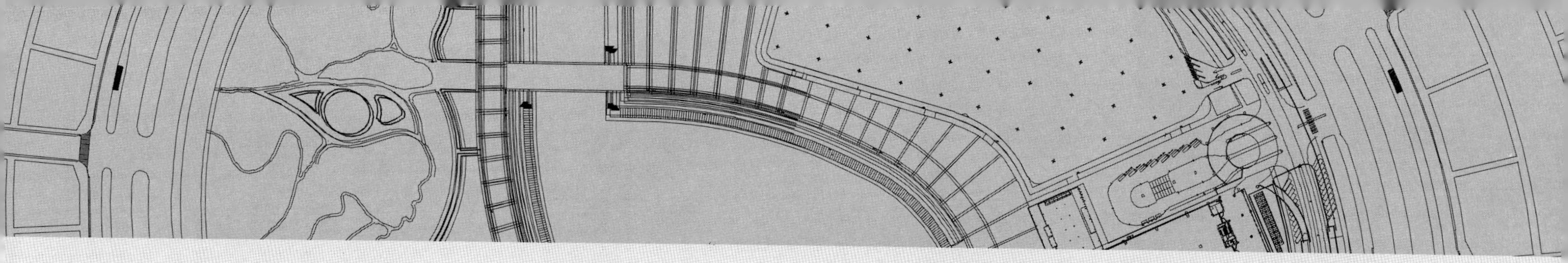

CBD景观规划设计 ③
Landscape Planning and Design for CBD

中标方案：

黑川纪章建筑·都市设计事物所
Kisho Kurokawa Architect & Associates

实施设计联合体：

北京林业大学地景园林规划设计院

投标方案：

日本昭和设计事务所

上海同济大学规划设计院

郑州市环境艺术研究所

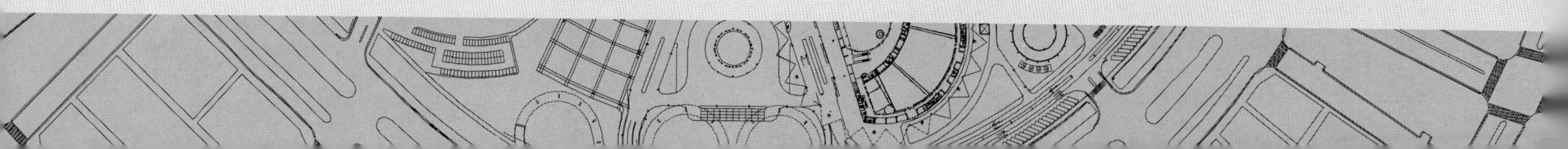

CBD景观规划设计
Landscape Planning and Design for CBD

委托单位：郑州市郑东新区管理委员会
编制单位：黑川纪章建筑都市设计事务所
评审时间：2004年1月18日（郑东新区CBD地区景观设计）
　　　　　2004年3月13日（郑东新区CBD地区主要道路景观设计）
　　　　　2004年6月25日（郑东新区CBD地区道路照明设计）

1 CBD景观的设计理念

1.1 CBD都市规划方面的特色

1.1.1 CBD由外环路和内环路构成，形成世界第一个环状都市中心。环状都市中心的理论是该事务所35年来一直潜心研究的，可以大幅度缓解由放射状一点集中式设计所引起的交通阻塞状况。

1.1.2 在环状都市中心构建中央公园，形成独特的CBD景观。

在中央公园中建设具有特色的三大设施：会议中心、会议宾馆、艺术中心。将会议宾馆建设成为可以从远处一眼望到的标志塔形建筑。

标志塔提取中国传统建筑——塔的精华设计而成。基于中国在不久也将迎来地上波数字电视播放的时代，预定在标志塔顶端安放该电视放送的天线。

这座塔从远处看不仅是显示CBD位置的重要标志，也是整个CBD的指南坐标。

1.1.3 规划在环状都市中心的外环与内环之间建设环状商业街，形成一条方便散步、购物的步行街。地下一层通过地下商业街和地下通道为步行者提供完整贯通的地下通路。

原则上规划在地下二层和三层建设停车场。如停车场不能够满足停车的需要，可在环状路内的公园绿地地下建设公共停车场。

1.1.4 中央湖

中央湖的设计通过水上巴士，水上出租车进行联系，并且打算在中央设置喷泉等设施。会议宾馆不仅从陆上，而且通过中央湖的游船也可以进入。

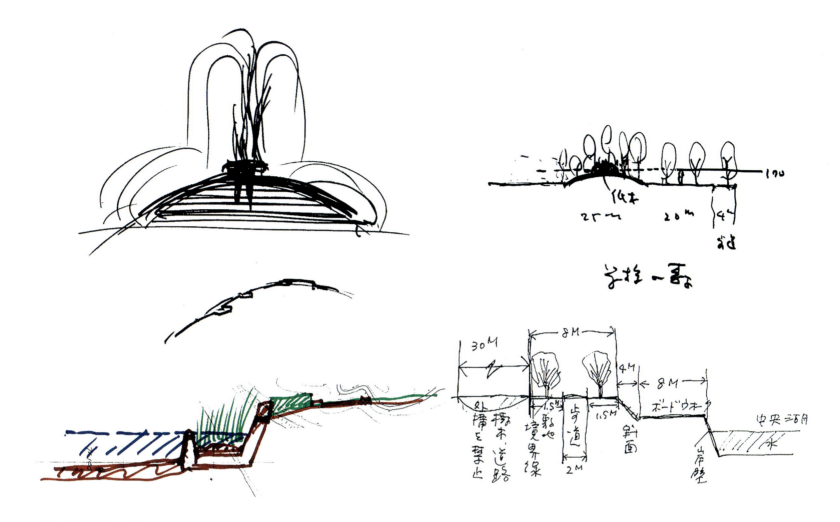

在中央湖的湖岸一周铺设散步道，并且在设计上充分考虑湖岸的眺望效果。

1.1.5 为不影响景观的整体性，原则上将停车场建在地下。

办公楼、高层住宅、商店街等的停车场由建设开发商负责将其整备于地下。

还应考虑到的是：未来将要建设的公共汽车总站、LRT、地铁、地下商业街、会议中心、会议宾馆、艺术中心等都要由地下通道进行连接。

1.1.6 交通枢纽中心

规划在会议中心、会议宾馆、艺术中心的高速公路出口处附近建设综合交通中心。此交通中心用于联络公共汽车总站、地铁、LRT、宾馆停车场、地下商业街、地下商业街停车场等，必须将其作为综合交通枢纽列入规划。

1.1.7 步行桥

规划建成一条连接内环路外侧到公园人行道间的步行桥。

1.2 CBD景观的地域分区

（1）外环路的外侧、金水河、熊耳河沿岸的CBD河滨公园。

（2）外环路与沿107国道周围的CBD城市公园

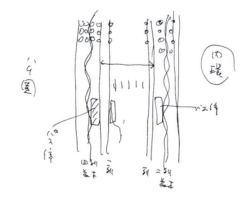
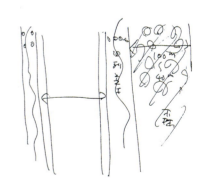

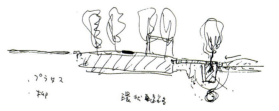

设计构思草图

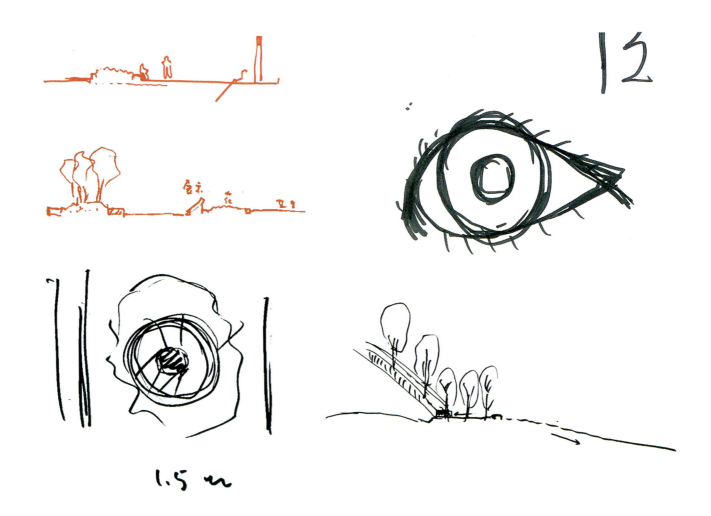
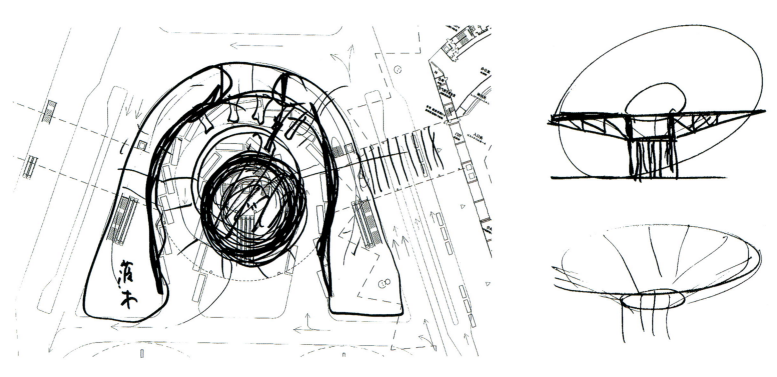

设计构思草图

外环路和黄河东路间的CBD城市公园。
(3) CBD校园林地公园
(4) 外环路街道景观带及内环路街道景观带
(5) 与环路交叉的道路景观带
(6) 北侧高速立交桥及被水路环绕的交通公园景观带
(7) 南侧高速立交桥两侧的交通公园景观带
(8) CBD中央公园景观带
(9) CBD中央湖湖畔公园景观带

1.3 CBD景观设计的基本概念

(1) 北到黄河东路、金水河、熊耳河及107国道之间的CBD用地,以统一的设计思想整体进行景观设计。
(2) 参照河南省的历史文化及风景。
(3) 参照黄河流域中原文化之商城。
(4) 设计让年轻一代和外国人认识中国历史传统的CBD城市公园。
(5) 街道景观不仅限于道路两旁的树木,还要加上路灯、停车场、交通标识、公共厕所、步行桥,建设风格统一的道路景观。
(6) 设计与中央公园中会议中心、宾馆、艺术中心风格协调的景观。
(7) 将水池周围的木板散步道与步行道做为主要视点。
(8) 中央湖设计喷泉等景观。
(9) 重视夜景设计。
(10) 有地下建筑物(停车场、地下通道、地铁、地铁站通道等)的区域上临时性堆土植树,正式的景观工程将来与地下建筑同时进行。
(11) 内环路内侧道路两旁及中央湖边的步行街两旁种樱花树。
(12) 树种:考虑郑州的气候及风土且容易得到的树种。常绿树和落叶树的比例在30:70~50:50之间。

2 公园的景观设计目标

郑州市是河南省的省会,以历史文化名城著称,在其东侧建设的新城市中心——郑东新区的中心CBD地区,是以广阔的水面为中心及围绕其周边的3座城市标志性建筑,以及内外环状道路、中高层建筑物等组合而成的新城市体。在这些主要景观构成元素的周边,栽植适合郑州的气候和水土的树种。主要的设计思想是以"历史与现代共生"、"与自然的共生"为目标的CBD公园景观设计。

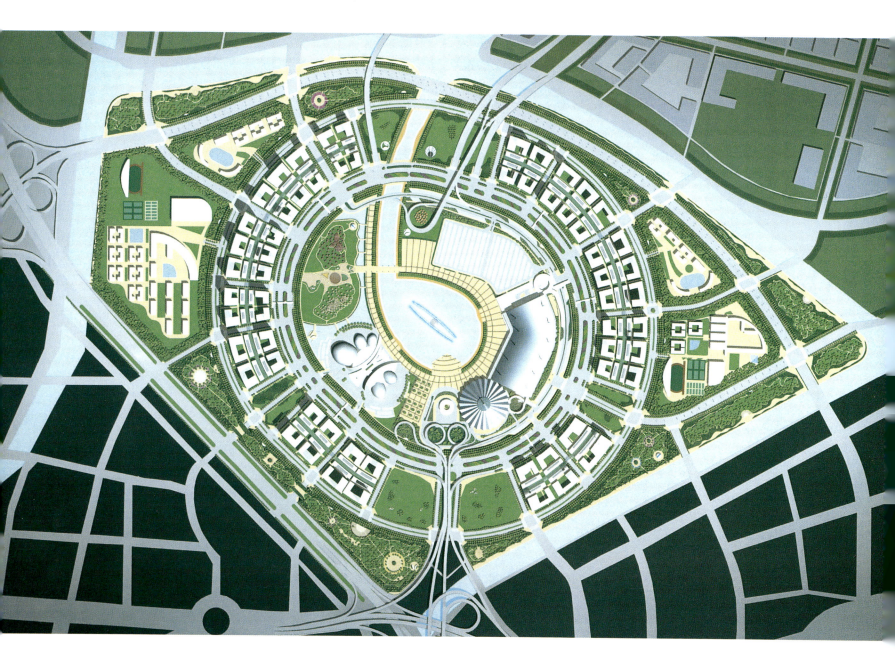

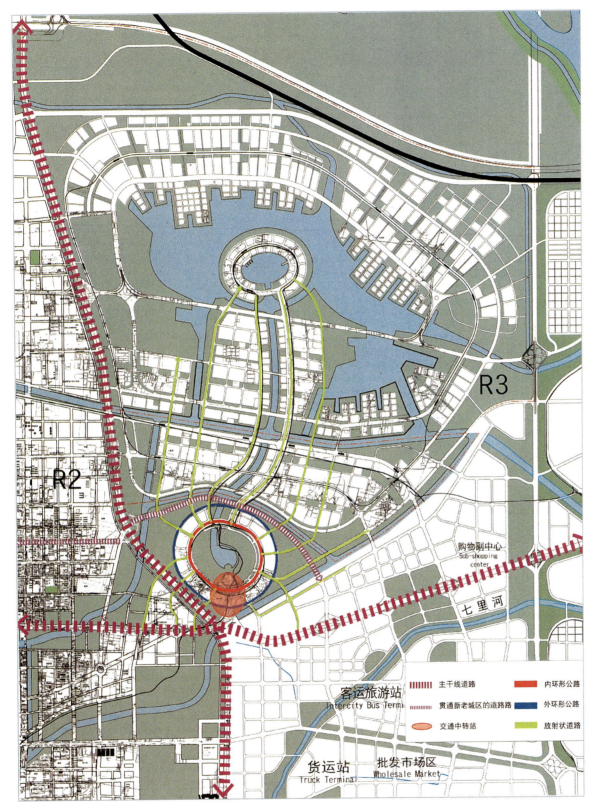

3 前期分析

3.1 道路景观系统分析（广域分析）

3.1.1 广域的地理分布

CBD及其周边地区的道路交通系统如下：

（1）主干线道路

连接了老城区和新郑州国际机场的107国道东邻龙湖，是此地区的主要的交通动脉之一。

位于龙湖地区南侧呈东西走向的金水路衔接了新老城区。同时金水路也贯通了龙湖地区东侧的龙子湖学院.

交通中转站是通往龙湖地区的重要节点,规划在2处设置主干线的立体交叉口。

（2）贯通新老城区的道路

黄河路由老城区的中心地区向东一直延伸至CBD地区的北侧。成为通往CBD地区的主要干道之一。

（3）环状道路

环绕CBD地区的内外环线将CBD连接成一个整体。环状道路在疏通了中心区内部关联的同时解决了CBD与周边地区连接的问题。

（4）放射状道路

放射状道路是连接环状道路及主干线的纽带。

担负着连接功能的放射状道路体系利于交通的疏散，保证了交通的顺畅。

3.2 景观功能分析（广域分析）

3.2.1 广域的位置构成

环抱CBD地区的龙湖地区整体环境构成如下：

（1）中高层建筑地区

在两个CBD地区，由45~80m的中高层建筑形成环状都心。

南北运河沿岸规划建设以45m左右的中高层建筑为主的用地。

以上设计将成为新都心龙湖地区独特的景观特征。

（2）CBD中心的公共绿地

在CBD地区的中心规划出广阔的融湖岸于一色的公共绿地。

此公共绿地区将与会议中心和艺术中心一起。为市民提供一个易于交流、开放式的空间。

（3）水体

以人工湖勾勒出两个环状的都心，在整体造型上突出了都心区的景观特征。

通过与河川相连的运河网络的连接而形成的水岸线绵延持续。在作为通往CBD各街区的主要连接道路的同时，形成了一个延续伸展的水景驳岸。

（4）生态回廊

计划在龙湖地区外围设置由黄河延伸而至的生态回廊。

考虑到生态回廊的连续性，规划在CBD环状都心的周边地区配置由森林环绕的学校与教育机关用地。CBD地区的景观视线、功能配置计划也应与此地区的特殊地理位置相一致。

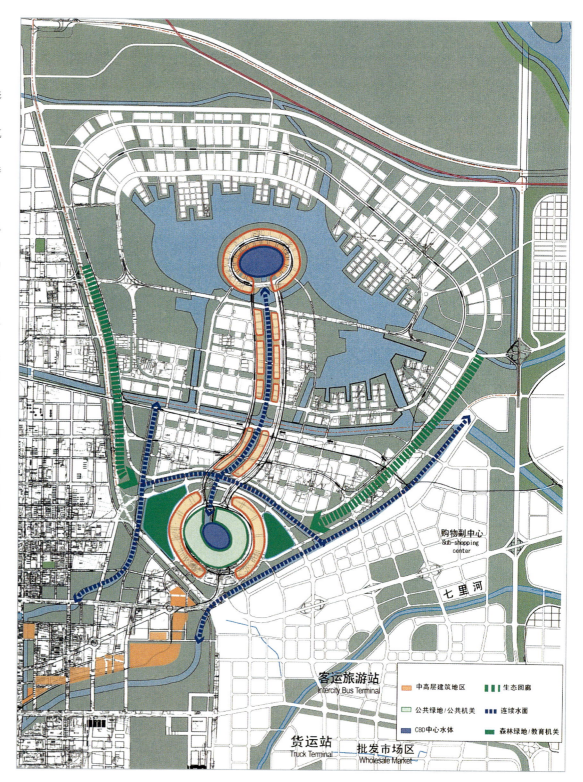

3.3 道路系统分析

CBD地区与周边地区的交通格局，目前以水运及公路交通为主。CBD地区与龙湖地区，将通过中心地区北运河紧密联系，此外还将利用金水河、熊耳河的水上通道。

公路交通可以分为以下3类：

（1）环状交通：沿CBD核心部通行的内环状道路;沿核心商务区的外侧通行，针对外来车辆的外环状道路。

（2）过路交通：沿CBD的南北方向通过的107国道和黄河东路。

（3）城市核心交通：预测从CBD地区周边呈放射形的进入城市核心地带的交通流量。以南北的高架道路以及其他各个方面往城市核心地带的放射性道路分散交通。

将来的计划：交通中心以地下空间形式向A-1、A-38扩张，作为LRT(轻型轨道交通)及地铁的交通枢纽，连接核心商务区旁的环状购物街。

4 CBD 公园设计概述

4.1 CBD 公园的种类

4.1.1 城市公园：通往 CBD 地区大门的指示空间

作为指示空间引导进入CBD地区的大门——环状道路设置在CBD区的南北地带。

以本地区的自然素材为主题，建立5个具有高度独创性的主题公园。可以在此休憩、散步以及进行其他各种活动。

水公园：A-72、73
石公园：A-71
木公园：A-84
土公园：A-82、83
竹公园：A-76、77、78

形成从过路通道(107号国道、黄河东路)到CBD核心区的瞭望视角。

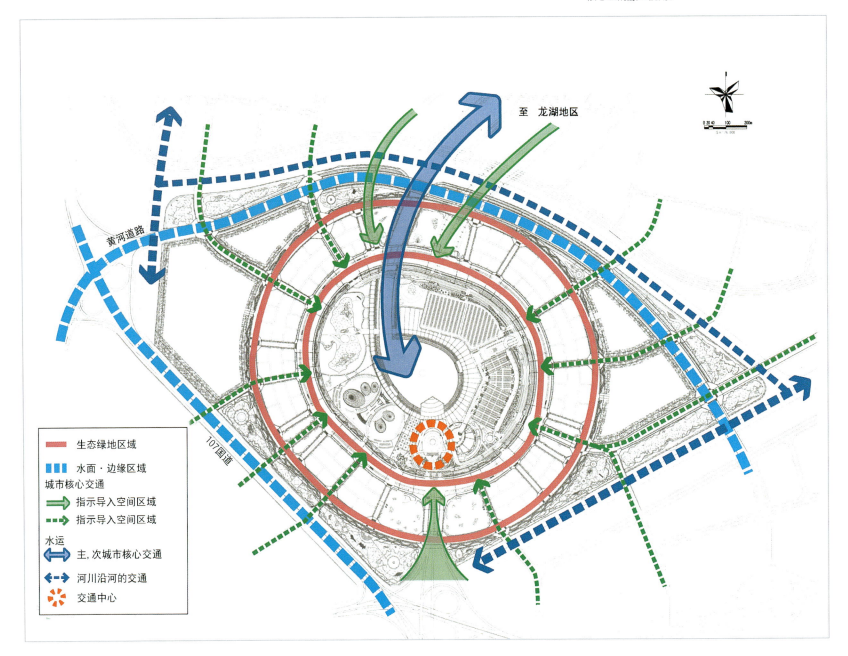

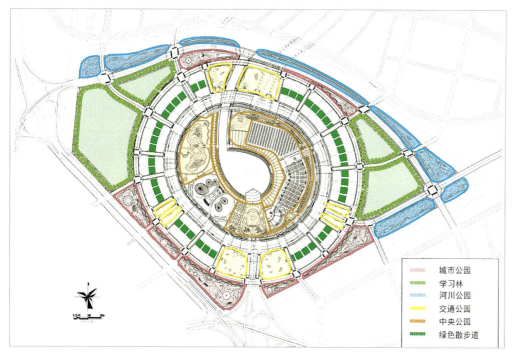

同时作为过路通道(107号国道、黄河东路)与城市公园的缓冲带。

4.1.2 学习林：可以得到丰富自然体验的学习及游玩场所

提供丰富的自然生态及宁静的学习环境。

形成以生意盎然的自然作为教材的学习林。

如孩子般感性的多彩游玩空间。

在广域上形成与北侧龙湖地区相连的生态回廊。

4.1.3 河川公园：近水的河川绿地

作为CBD地区边缘的河川绿地，同时具有着延伸视线的功能，有效地将CBD地区从周边地域中凸现出来。

与邻近的龙湖地区生态回廊相呼应的同时、通过连绵相接的水面使其贯通为一体。

可以通过徒步、骑自行车、乘船等各种交通手段加强水边区域与CBD地区的相互联系。在河川以及运河沿岸的休闲场所，散步或是骑自行车旅行，在这里有氛围良好的绿地，可以眺望水上的CBD地区。

数个河川公园有甬路相连，可以沿河自由自在地观光散步。

4.1.4 交通公园：大门性质及眺望空间

不仅是对于内外环状道路上通行的车辆，也可给外来司机作为都市的节点提供开阔的眺望空间。

合理配置苗木，实现CBD地区的阶段性绿色计划及土地的有效利用。

特别是A-20、21，由地下空间角度来考虑商店街的利用，动线的节点以及周围的开放休憩所等功能的实现。

4.1.5 中央公园：城中的绿洲

（1）以湖为中心在4个区域设立公园。

（2）CBD的3座标志性建筑物(商务中心、艺术中心、商务酒店)的周边拥有这样广阔的开放空间，使人们形成对CBD地区的良好印象。

（3）在中心湖的中央，设置以龙为主题的喷泉，通过声与光的演绎引发人们的兴趣。将来的计划还有：在CBD地区修建码头，提供给运河里运营的水上渡轮使用。

四个区域公园

【红白两色花的公园】为公共建筑所围绕的中央公园中仅存的广阔空间。种植物以梅花为主，以及其他开红、白色花的果树，形成格调高雅的亲和公园。

【湖畔公园】CBD地区惟一的与运河相连，可以接触到水面的亲水空间。沿河环游，水面及背后建筑迁移变换的景色引人入胜。

【交通中心公园】进入CBD地区人们的迎接空间。利用对称创造出易于理解的城市形态。

【会展路缓冲绿地】建筑物与会展路的缓和连接空间，作为放射状道路的视觉焦点

4.1.6 购物街·绿色散步道

（1）购物时最适合的休憩场所。

（2）无论是在附近工作还是生活，商务区的职员或是居民，都可以随意的利用。

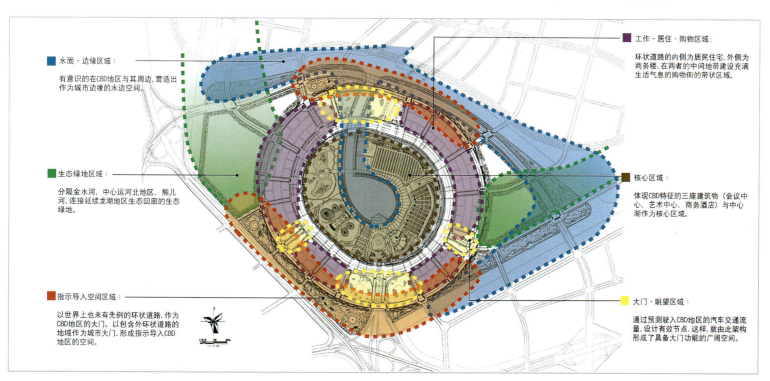

4.2 CBD 公园视线分析

4.2.1 水边的视野分析

以在水边(河川公园和湖畔公园)散步的行人及渡轮乘客的视线为对象，分析使用公园的人们的视线。可欣赏到以下的特色景观：

（1）在渡轮驶向CBD地区的时候，感觉到CBD区的城市路标理念的同时，目光从中心地区北运河交汇处被依次诱导至交通公园(A—20.21)平台及中心湖景观。

（2）在水边的木板路以及散步道上闲逛的时候，饱览各公园的风景，同时感受到CBD区内外的独特风景变换。

（3）主要观景场所共计8处

河川公园(3处)：可以从平台望到对岸的街道及公园。

湖畔公园(3处)：可以看到两处种植高大树木的挺拔空间，从桥上可以一览CBD区的中心池塘。

交通公园(2处)：可以眺望水面及对岸，立即映入眼帘的和需找寻发现的景观相映成趣。

（4）两处岬角位置在保留了CBD地区特征的同时，可以一眼望到园内及周围的街道的美景。

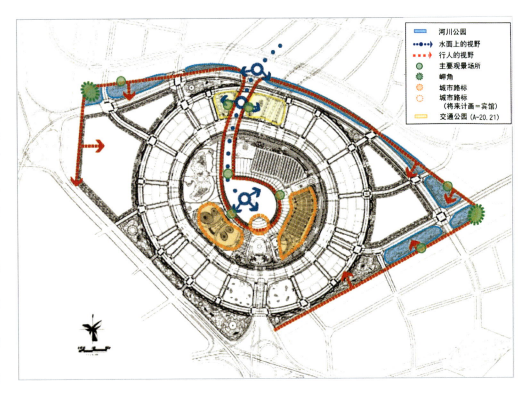

4.2.2 司机的视线分析(过路交通)

107国道及黄河东路作为过路交通通道。

核心部的3个建筑物(商务中心、艺术中心、商务酒店)将成为城市路标。

学习林采用遮蔽式绿地，以此来保护隐私。人们也将因此设计受益，舒适地穿行于道旁银杏树下。

会展路沿线也采用遮蔽式绿地，并将以此作为商务中心及会展路的重要景观。

过路交通的视线被学习林遮挡。城市公园A—71、72、73一带的开阔地区，可以看到CBD中心。A—76、77、78附近可以看到竹林，使人对CBD区留下深刻印象。

从高速公路出入口以及面向河流的桥梁上，可以看见CBD区的全景以及河川绿地。

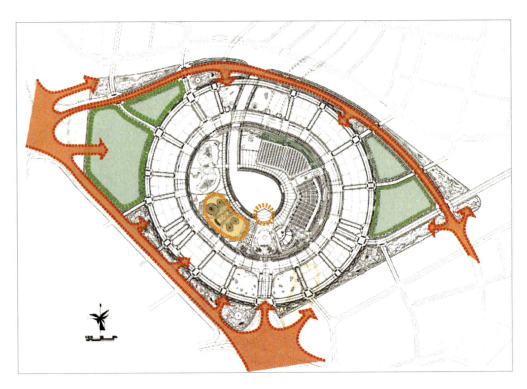

4.2.3 司机的视线分析(进入城市核心交通)

核心部的3个建筑物(商务中心、艺术中心、商务酒店)将成为城市路标。

学习林采用遮蔽式绿地，以此来保护隐私。人们也将因此设计受益，舒适地穿行于道旁银杏树下。

会展路沿线也采用遮蔽式绿地，并将以此作为商务中心及会展路的重要景观。

交通公园可作为进入CBD地区的交通的城市节点，并为司机提供开阔的眺望视野。

4.2.4 CBD公园及购物街的人群动线

CBD地区拥有5种种类的主题公园以及购物街内的绿色散步路。怎样有效的地加以利用以及如何更好地、引来客源，将主要通过分析利用人群的性质、场所选定和交通布局的便利程度，以及未来的规划决定。

（1）利用人群的分类

可大致分为CBD区居民(包括商务区的职员)和非CBD区居民。

CBD区居民在日常利用购物街的同时、也会光顾内环状方面及外环状方面的近邻公园。

特别是孩子们将会经常利用到学习林。

非CBD区居民将更多利用交通中心附近的中央公园。

（2）场地选定以及交通布局的便利度

中央公园和城市核心商务街以6条过街天桥相连、为居民提供方便。

学习林主要提供给孩子们使用。

在城市公园内提供服务给包括孩子在内的多数人群。

形成从外环状道路的各路口通往学校周边绿地，城市公园的交通布局。特别是南侧的城市公园A-71、72、73可以人为地连接为一体。

河川公园中的河川绿地、不仅仅作为黄河东路外侧的景色修饰而形成，还计划建设与道路相连的广场，以此联系CBD核心地区。

（3）未来的计划

预计未来非CBD区居民也会更多光临公园。

地下空间完成后将延伸到近邻的购物街中。

在利用渡轮进入商务酒店的时候，也可开始规划水上的动线。

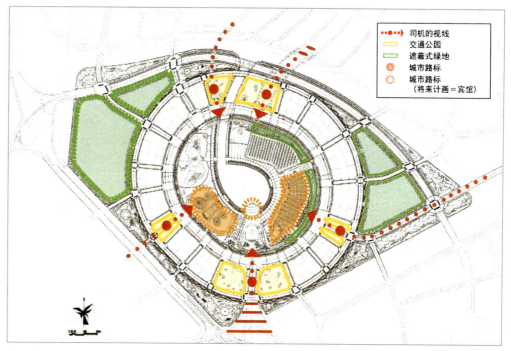

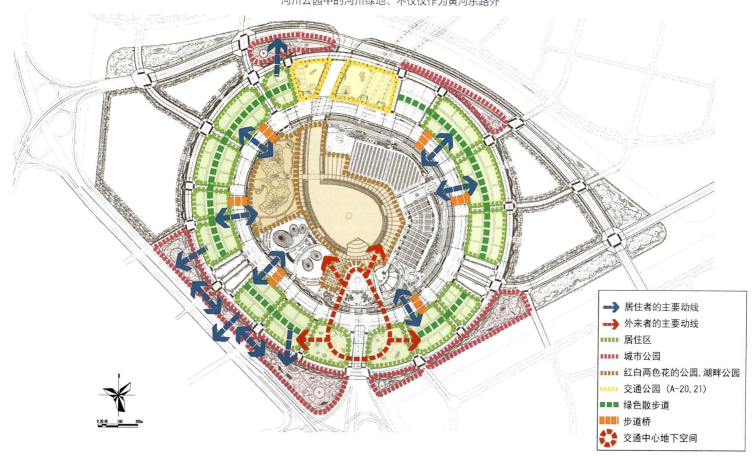

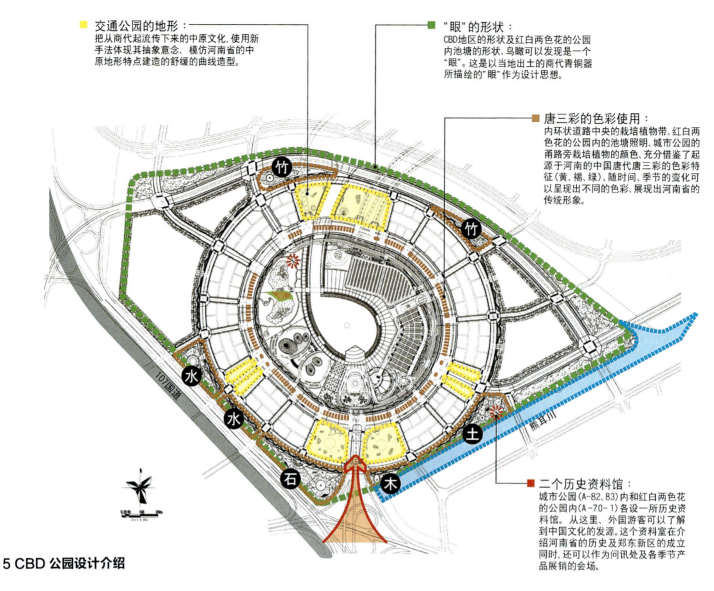

交通公园的地形：
把从商代起流传下来的中原文化，使用新手法体现其抽象意念、模仿河南省的中原地形特点建造的舒缓的曲线造型。

"眼"的形状：
CBD地区的形状及红白两色花的公园内池塘的形状，鸟瞰可以发现是一个"眼"。这是以当地出土的商代青铜器所描绘的"眼"作为设计思想。

唐三彩的色彩使用：
内环状道路中央的栽培植物带、红白两色花的公园内的池塘照明、城市公园的甬路旁栽培植物的颜色，充分借鉴了起源于河南的中国唐代唐三彩的色彩特征(黄、褐、绿)，随时间、季节的变化可以呈现出不同的色彩，展现出河南省的传统形象。

二个历史资料馆：
城市公园(A-82、83)内和红白两色花的公园内(A-70-1)各设一所历史资料馆。从这里、外国游客可以了解到中国文化的发源。这个资料室在介绍河南省的历史及郑东新区的成立同时，还可以作为问讯处及各季节产品展销的会场。

5 CBD 公园设计介绍

5.1 城市公园

通往CBD的大门的指示空间

（1）以水、石、木、土、竹五种东西作为主题，充分利用中国本土的自然资源进行组合。

（2）设计出充满活力的地形造型。特别是A-71、72、73等人造地形可以自由地进行设计。

（3）计划建造几何形状的广场及放射状园路。特别是广场，可以在此充分地享受太极拳等运动。

（4）计划按地形特点修建可供慢跑和散步的环形园路。

（5）园路的外侧栽培灌木。通过以上措施保证了过路交通(107号国道、黄河东路)到CBD核心部的视线，并可以遮住干线道路及公园。

（6）园路的内侧以草地为主，并通过各种高矮树木形成树荫，常绿乔木与落叶乔木的比例为30：70。

（7）通过木制藤架创造出气氛良好的纳凉休闲空间。藤架建造在起伏的坡顶及公园道路沿线。

（8）在大公园里，风水的方位色通过各公园广场上的花和树木来表示。

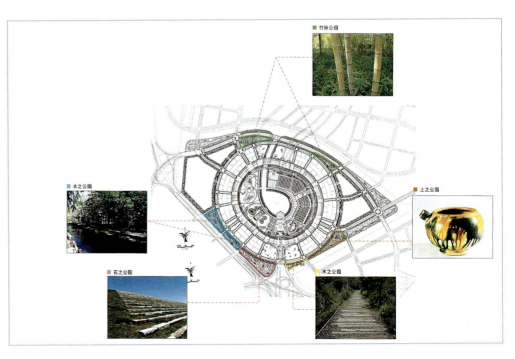

5.1.1 石之公园（A-71）

石头是从古至今用以表现雕刻、庭园造型的东西。通过石头公园来表现创造力。

园内的广场、园中甬路的地面铺装，使用中国自产的天然石材。

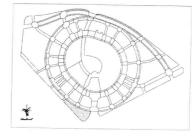

5.1.2 水之公园（A-72，73）

水公园，展现了奔流在河南省的黄河水。

[A-72]通过没有水面的喷泉来表现水的姿态。由于是"活动"的喷泉，可以提供给孩子们戏水的机会。

[A-73]通过有水面的喷泉来表现水的姿态。由于是"安静"的喷泉，可以逍遥自在地坐在周围，聆听着缓缓的溪水声、感受园里的清凉。

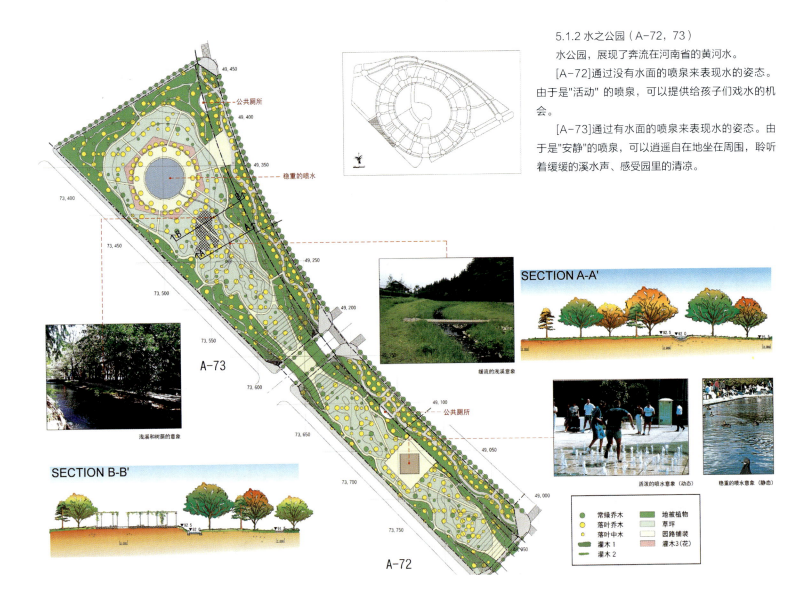

5.1.3 竹之公园（A—76，77，78）

用"竹"来表现不屈服于强权的读书人风骨。

遵循城市公园固定的基本设计思想，在环形园路的外侧栽培灌木。除此之外，本公园还在灌木上栽种竹子以形成独特的风格。通过这些设计，在从黄河东路到达CBD核心部的时候，可以看到一个作为城市大门的、别具特色的竹公园。

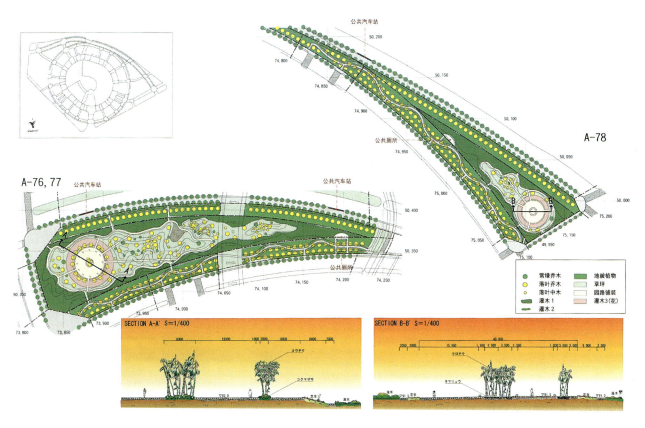

A-76, 77

用木公园来现河南省广阔茂密的森林。

广场的形状,采用非常少见的椭圆形。园路及铺装材料使用枕木或者木屑(woodchip)来突出表现主题。

5.1.5 土之公园(A-84)

河南省是农业发达地区,以此公园表现孕育了粮食,蔬菜的"土"。

使用陶瓷花砖,表现土的属性。可以使用这种陶瓷砖铺设公园地面,装饰园中长椅。

采用枕木的园路意象

木桥板的广场铺设材料意象

周围用木屑铺设的长椅之例

A-84

A-82, 83

5.2 学习林：可进行丰富体验的学习及游玩场所

道路两侧25m宽的范围内随意栽种郑州当地树种。此植树带很快就会成长为树林，形成生气勃勃的植物园。孩子们可以在此捡拾树木果实，接触各种小动物、给予他们对自然的感性认识。

为了增强孩子们对季节感的感性认识，栽种红色落叶树木。为与此呼应，在外环状道路采用黄色的银杏树也是不错的选择。

面向25m宽绿地的中央部分，设计为缓缓起伏的山坡地形。在这片没有公园道路的绿地中，重点在于自然环境的创造与孩子们自由的玩耍，并且随着时间的推移而自然形成园路。

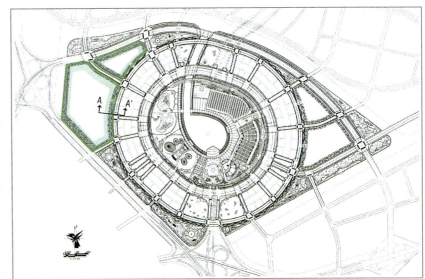

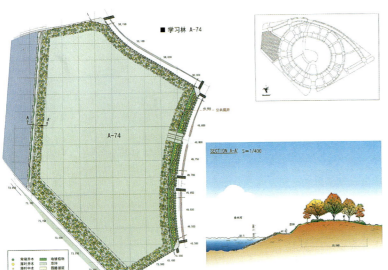

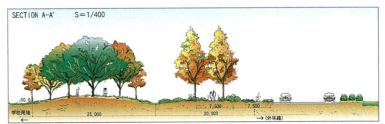

红叶季节学习林的风景意象　　儿童戏耍的例子(秋～初冬)　沿着学习林的园路风景意象

5.3 河川公园：亲水的河川绿地

整体向河流方向缓慢倾斜的地形。

设立与外环状道路等高的平台，用以眺望对面。平台形状与道路轴对称，呈半圆形状。面向河流的广场，设置在离水面较近的地方。

堤坝的形状以及堤坝轴线避免采用直线，使人们可以随着河流沿岸的风景变换体会到不同的乐趣。还计划在部分地段修建延伸到河中的水中平台。

WE-1、7作为CBD区的岬角，与河流，周围的街道并列，进行醒目的设计。

植物栽培计划：以草坪及地面植物为主，并种植繁盛的树木，使之形成树荫。

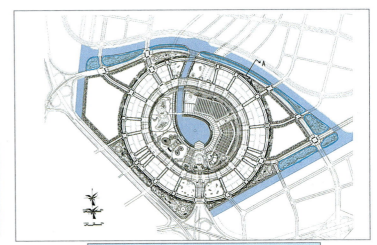

面对着城市河川的绿地和护岸散步道设计之例：太田河（广岛县）

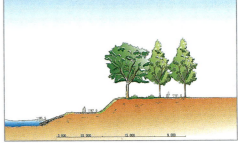

面对着城市河川的绿地设计之例：太田河（广岛县）

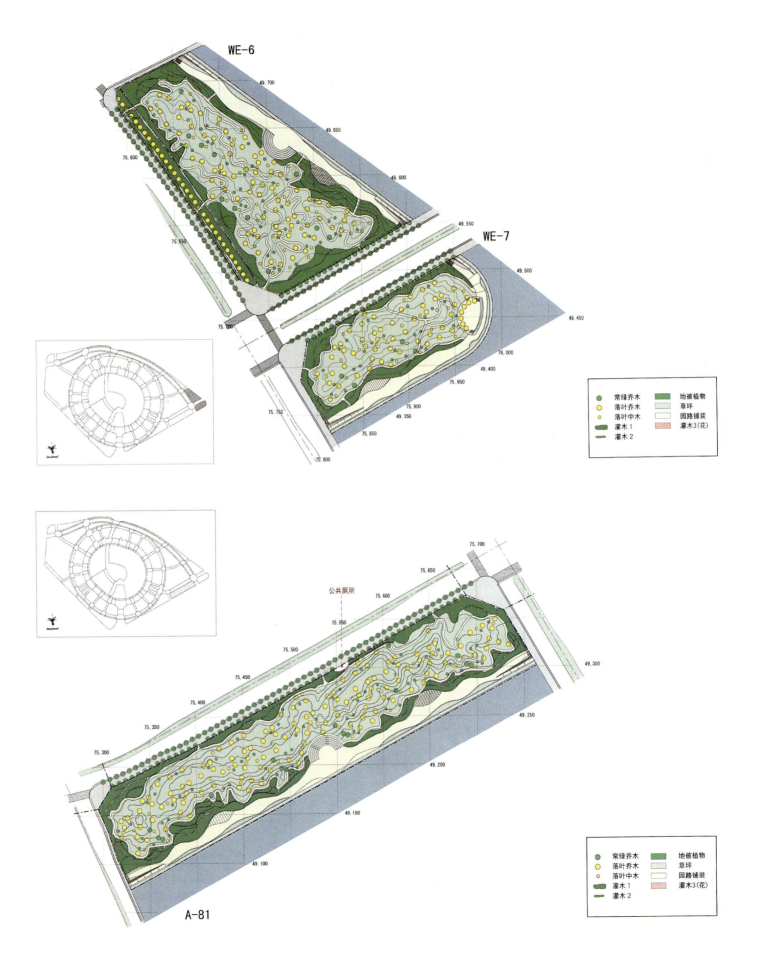

5.4 CBD 交通公园

5.4.1 大门性质及眺望空间

给人以CBD区的大门的印象。为了达到在此瞭望交通状况的目的，应主要栽种草坪。

园内的地形，模仿河南中原地形的一部分建造。

在满足当前使用需求同时，为满足将来可能出现的用地要求，要考虑到CBD整体的绿色规划，灵活地进行植物栽培。在交通公园中栽培的幼苗，也可以移植到其他地方形成新的绿地。

在北侧的高速公路出入口A－21，面向北面建造一个巨大的日晷作为地标。

与A－21、22隔河相对的公园，有意识的设计成为对称体。

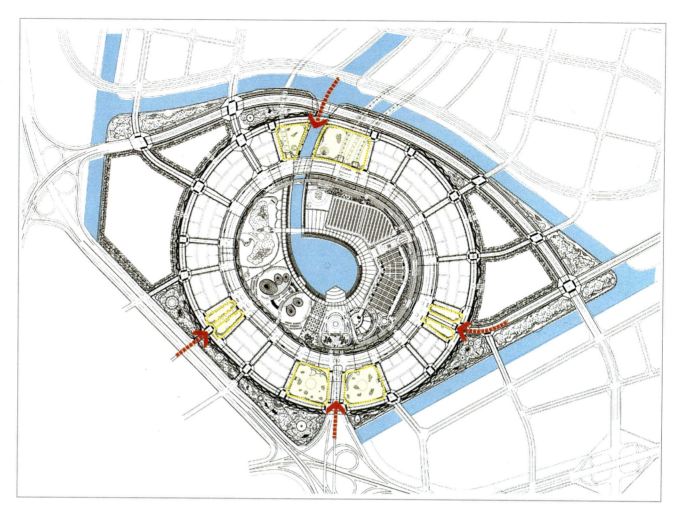

5.4.2 禅公园

作为人才及信息进入通道的CBD地区南侧，建造表现出宁静、安详的禅公园。这也是受到了代表河南省的少林寺的气氛的影响。

(A-1、38)没有水生环境的交通公园,用象征的手法表现水面及山、草地等。低地用石头；高地用高大的树木来表现。

CBD交通公园 A-21, 22

CBD交通公园 A-6, 7, 33, 34

5.5 中央公园：城中的绿洲

决定CBD地区整体景观的，是其3座标志建筑物（商务中心、艺术中心、商务酒店）。因此在附近不建造其他的高层建筑，在3座建筑物中间开挖湖泊（中心湖）。

中心湖的中央，设置长度150m喷泉，设计为通过调整水流方向角度来表现欢腾的龙的形象。在奏响音乐、点亮彩灯的同时，在不同时间段提供给人们变幻多姿的喷泉样子。

5.5.1 红白之花公园

广场内被园路围绕的部分，计划为舒缓起伏的地形、南北坐落的小丘以及中间凹地中的3个不同大小的池。公园的外侧也计划修建池塘。

园内的池塘，以商代出土的青铜器上描绘的"眼"的形状作为设计主题。夜间水中照明显现出的唐三彩般的色调，如诗般荡漾在公园中。

池塘周围地面的铺设，将LED灯埋入其中，成为使人产生历史与现代交织的幻想空间。

计划在北侧的小丘种植以梅花为主的开红花的果树，南侧的小丘种植开白花的果树，使之成为充满亲情的"红白两色花的公园"。

外侧的池塘沿岸5m宽的园路旁栽植灌木，水中

设置植物箱栽培浅水中生长的水生植物。

面对中心湖，设置4处行人用的木桥及1处人车共用桥。艺术中心方向，也通过两座桥来联络。

设置商代的历史展示室提供给青少年及来访的外国游客。

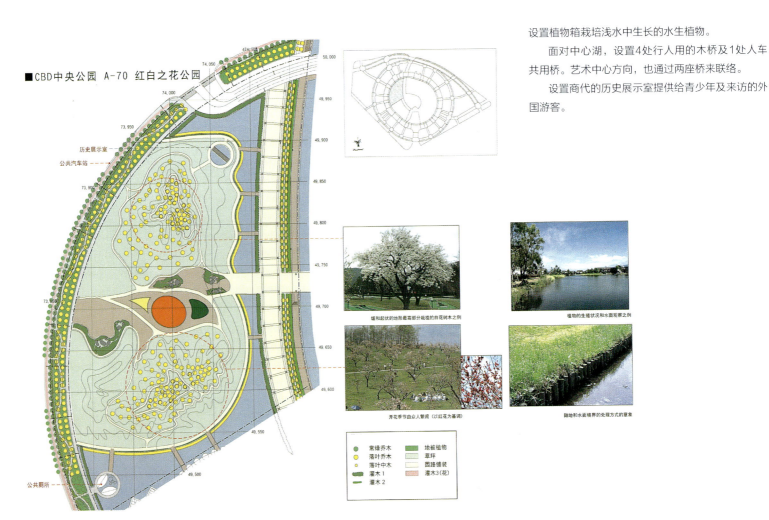

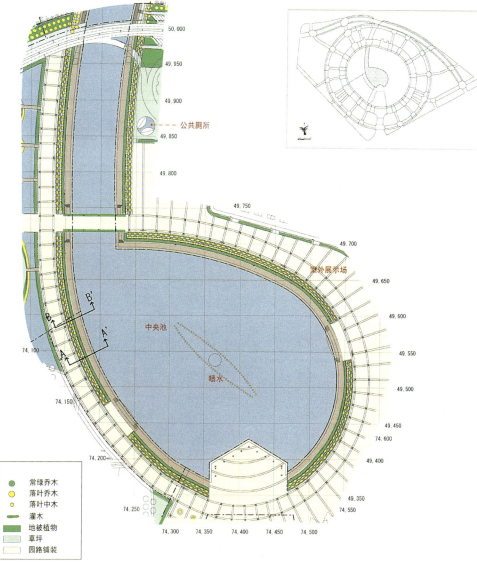

5.5.2 湖畔公园(A-70)

为了便于从湖岸上欣赏景色，在岸边50m的范围内预留观景区。由从湖面开始修建的阶段式的木板路由绿色地带，宽阔的散步道组成。宽阔的散步道也可用于室外展览等活动。

在木板路上设置数个栈桥作为出租游船的码头。

绿色地带，在横、纵两方向都建成舒缓的起伏地形，低矮的地方可以与木板路和散步道自由联络，以中心为头形成龙的形状。

木板路的中央，等间隔设置3m高的石制雕刻柱，也是艺术体系的一部分。

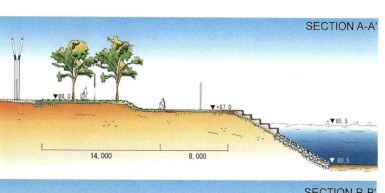

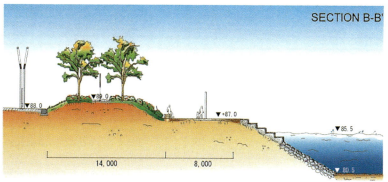

夜间喷水强光照射的意象

随水射高度变化的具跃动感的喷水

5.5.3 会展路的缓冲地带(A-69)

在红白两色的花公园的运河段对岸的土丘上栽种樱树。

在会展路一带起伏的绿化带、在商务中心的物流部分，栽种密叶高大常绿树种。远眺这里的工作情景，将形成美丽的商务中心剪影。

道路和背地之间的境界之例

货物车进出口背后栽植的乔木之例(白杨)

5.5.4 交通中心的公园（A-69-2）

舒缓起伏的地形上铺满草坪，并栽种与地形相吻合的灌木，形成对称美。

公共汽车总站的中间，栽种低矮灌木。

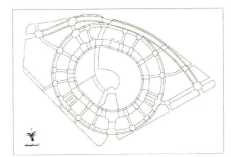

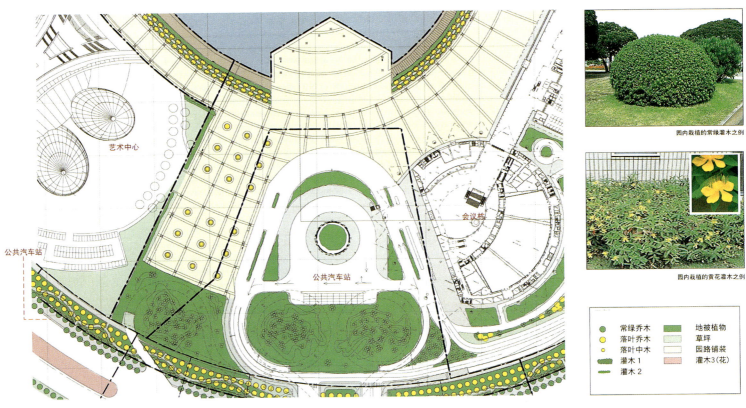

6 道路景观设计的理念

"环形"这一词语,描绘并概括了郑东新区CBD地区道路的特征。为强调双重环线即内环线和外环线在视觉上的统一性,规划栽种同一种类树木。

从交通安全的角度出发,在规划时尽可能地采用树形简单的树木。

外环线与CBD城市公园、学校的森林公园以及河川公园比邻。在设计上不仅考虑外环线的树种与公园内树种的协调性,也考虑到透视效果,所以采用了落叶科的植物。

为避免设在内环线内侧的公共汽车停车场和会展中心停车场在视觉上影响效果,将内环线内侧的树木种植在高度为1.6m的土堤上,形成一缓冲地带。此外,中央隔离带中呈斜形种植的低木,不单使中央隔离带具有突出"环形"结构特征的效果,同时也给予驾驶者一个有力度的视觉印象。

对于放射线道路的规划,设计时选用使各道路得以区分的植物。

黄河东路和107国道是CBD地区的分界线,因此成为从外眺望CBD的重要道路。规划时采用了将CBD一收眼底的景观设计风格。

夜景是道路景观的另一重头戏。规划以黄色的街灯勾勒内环线与外环线,而地处CBD外围的黄河东路与107国道则以明亮的白色来渲染。夜空下的CBD是一目明眉,延续了郑州的文脉,使人联想起商代青铜器上雕琢的"目"形。

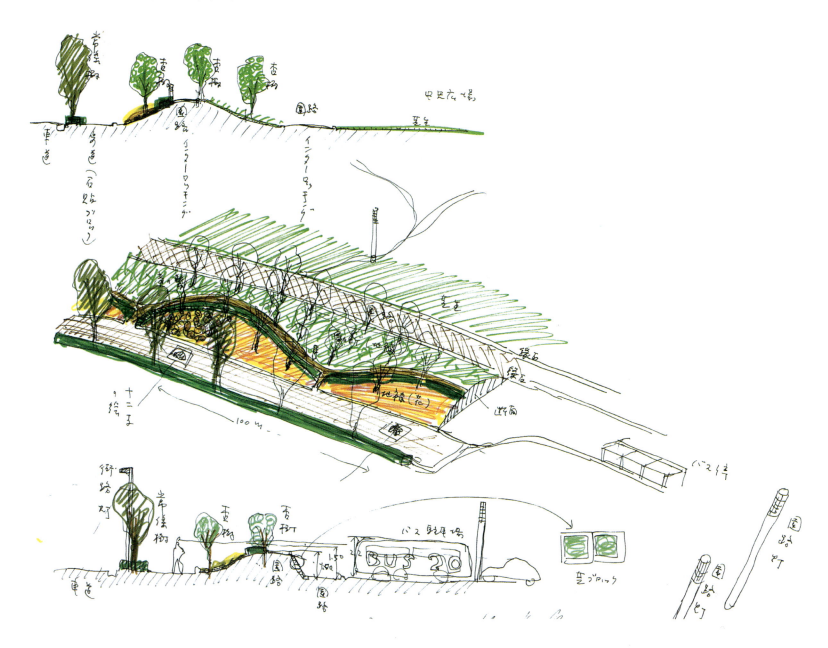

7 公园内广场的铺装

公园内广场的铺装观点

关于公园内及道路的铺装,建议采用以下的方针来规划、设计、施工。

使用能够长期存在的产自中国的自然材料

规划根据经严格选拔的数种材料的组合

在考虑材料选购的可能性以及经济性的基础上,使用经严格选拔的材料。根据铺设的组合方式、角度、咬合等方面的用心设计,进行一贯化的设计的同时,还要创出富于变化的形式。

引出步行的快乐

想像散步时行人在视觉上赏心悦目的同时,还可以亲手触摸、赤足行走等,在材料上采用能够享受感触的设计。

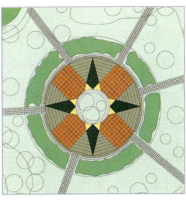

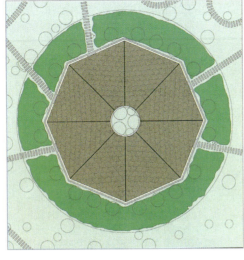

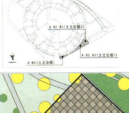
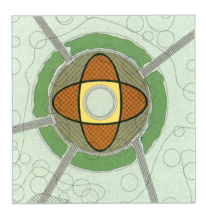
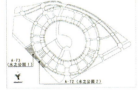
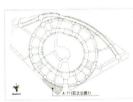

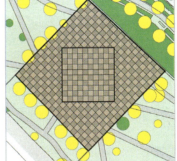

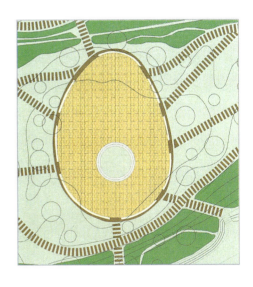

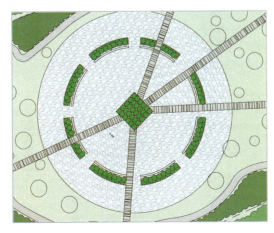
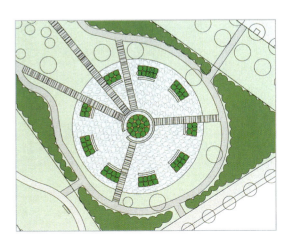

8. 辅助设施设计

8.1 环境构成要素设计理念

城市景观不仅是靠建筑、土木方面的设计，还是由分布在城市空间里的各种要素来构成的。

特别是标牌和街道设施等小道具，可以说是创造市民生活空间的重要要素。正是这些环境构成要素展示着城市的魅力，有力地体现城市空间的舒适性和功能性。

8.1.1 环境构成要素的设计构思

（1）Advance先驱性
与最尖端的城市相适应的功能性和设计。
（2）Symbol象征性
体现出城市中心的象征性，与具有特色的街道景观的设计。
（3）Environment环境协调性
引造出丰富的绿色，创造大自然和人类共生的景观。

8.1.2 公园人类要素设计概念

（1）与道路部分的共同性

公园部分中的环境构成要素(标识、照明、街道小品)的设计理念，基本上与道路部分共同一致。即把先驱性、象征性、环境协调性等为基础，引用了具有统一感的设计手法。

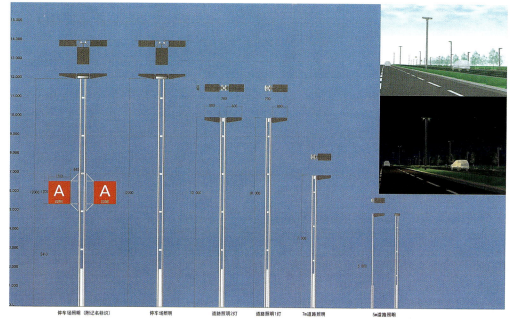

机动车类照明设计

（2）矗立于地面上的要素(照明、标牌类)，要具有透明感、轻快感

对于照明以及标牌等矗立于地面上的要素，在设计时追求了透明感，以突出郁郁葱葱的背景空间特点。至于具体的造型要素，采用了复数纤细圆柱体进行组合，营造出一个个小巧而富有韵律的空间。

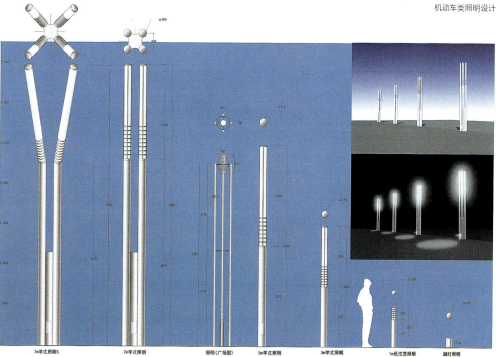

行人用照明设计

（3）与大地相连接的要素(长椅等)，要具有古朴、安定感

对于像长椅等与大地相连接，构成景观要素的部分，采用了石质材料，努力营造出安定感和层次较高的质感。

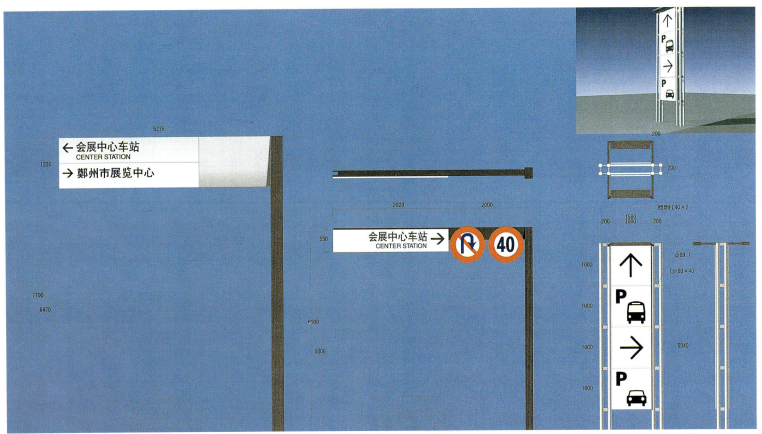

机动车标志牌　　　　　　　　　　　　　　　　　　　　　　　机动车类标牌设计

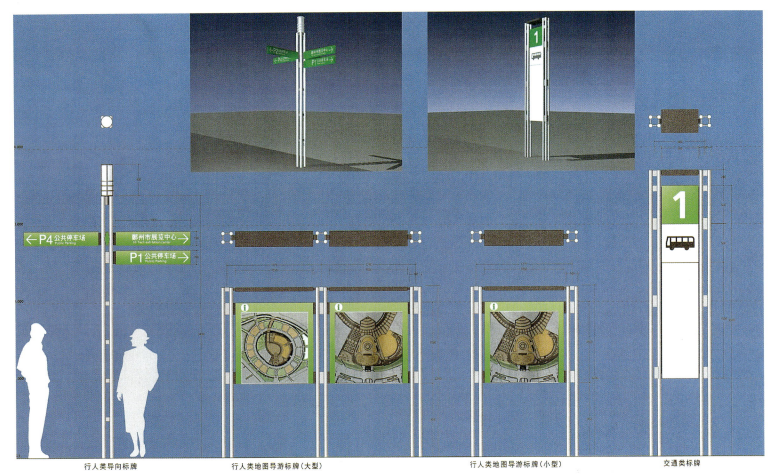

行人类导向标牌　　　行人类地图导游标牌（大型）　　行人类地图导游标牌（小型）　　交通类标牌

行人类标牌设计

8.2 夜景景观·光照

夜景景观设计为了突出环状CBD景观的特色，在外、内环状路的两侧的树木上利用增光效果，并在中央湖木板散步道的雕刻列柱和湖岸树木上也采用增光效果。中央湖中心处的喷泉中添加多彩的富于变化增光效果。

要尽量控制建筑物上的增光处理，只在具有特色的部分进行处理。例如，会议中心只在曲型屋顶和吊索上，宾馆只在放射塔顶端进行处理。

河川公园，CBD城市公园的广场等处考虑夜间的安全，尽可能用明亮的照明。

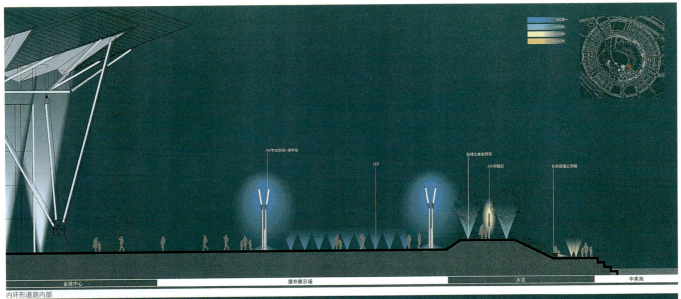

内环形道路内部

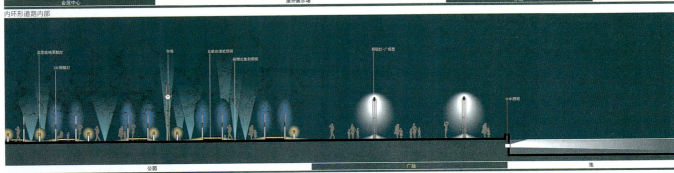

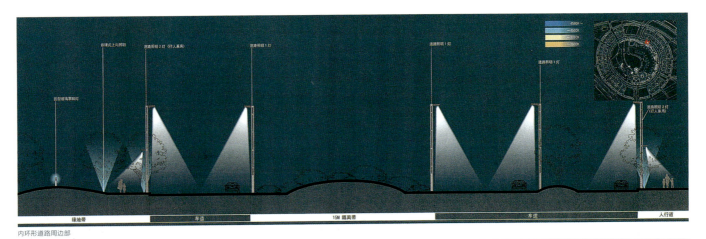

内环形道路周边部

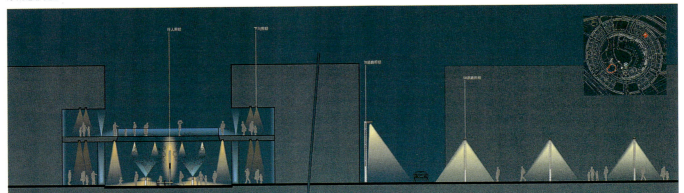

8.3 小品设计
公园类小品设计

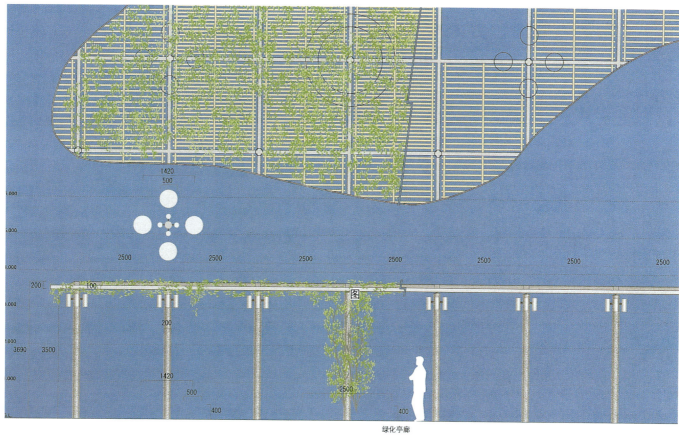

绿化亭廊

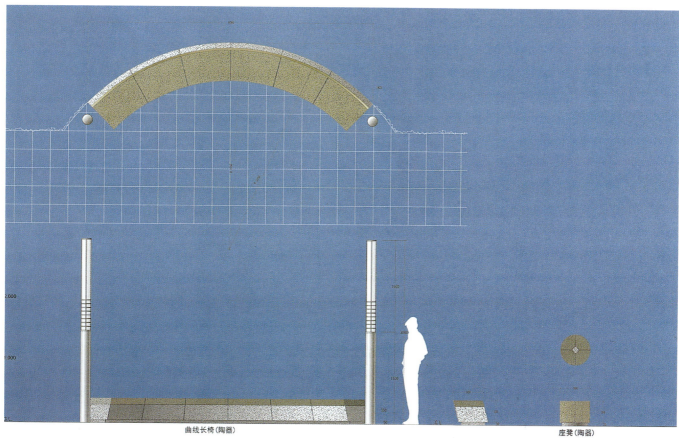

曲线长椅(陶器)　　　　　　　　　　　　　　　　　　座凳(陶器)

公园类街道小品设计

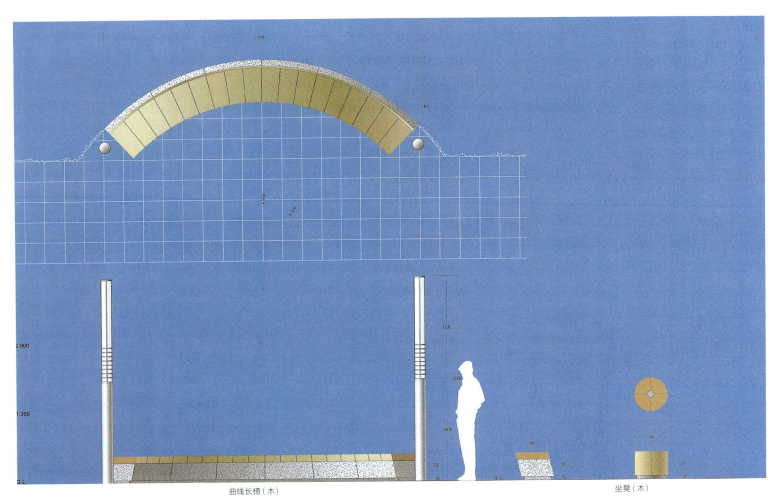

曲线长椅（木） 坐凳（木）

公园类街道小品设计 环状长椅1 环状长椅2

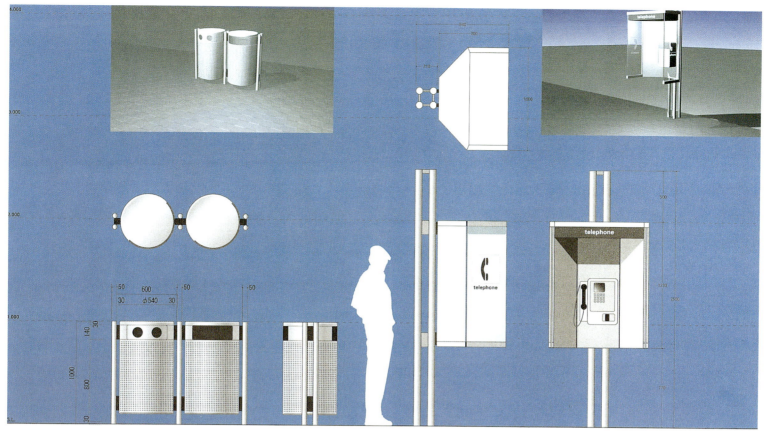

公园类街道小品设计

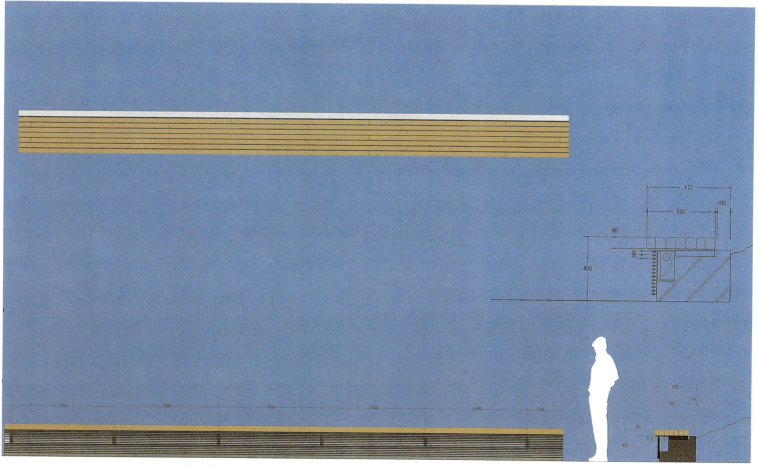

湖畔长椅

公园类街道小品设计

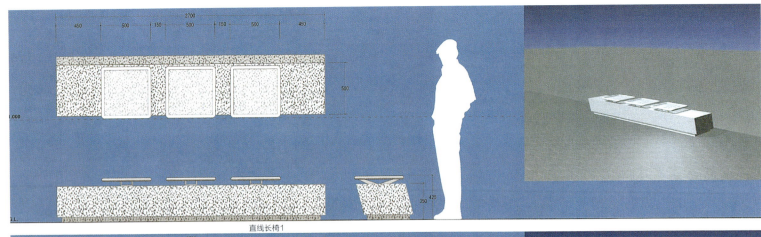

直线长椅1

城市类街道小品　　　直线长椅2

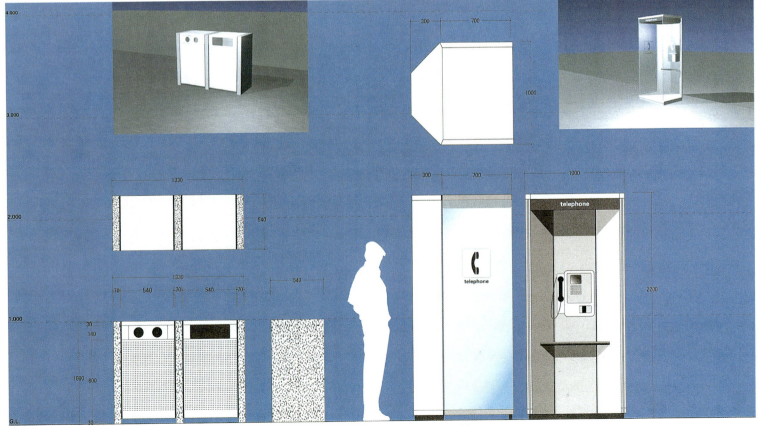

城市类街道小品　　　垃圾箱　　　公用电话箱亭

海报栏（大）　　　　　海报栏（小）　　　　　城市类街道小品

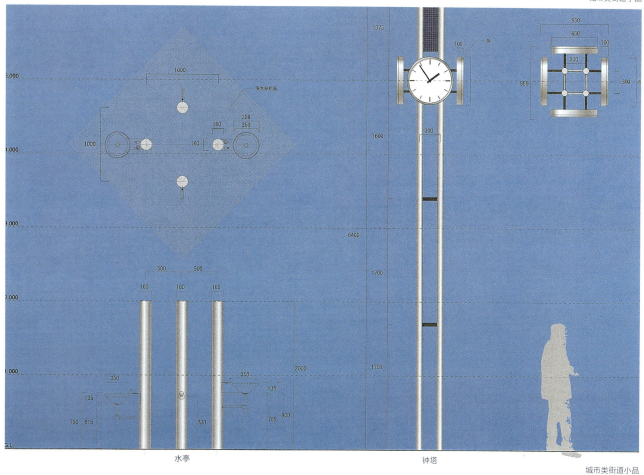

水亭　　　　　钟塔　　　　　城市类街道小品

8.4 纪念性场所设计

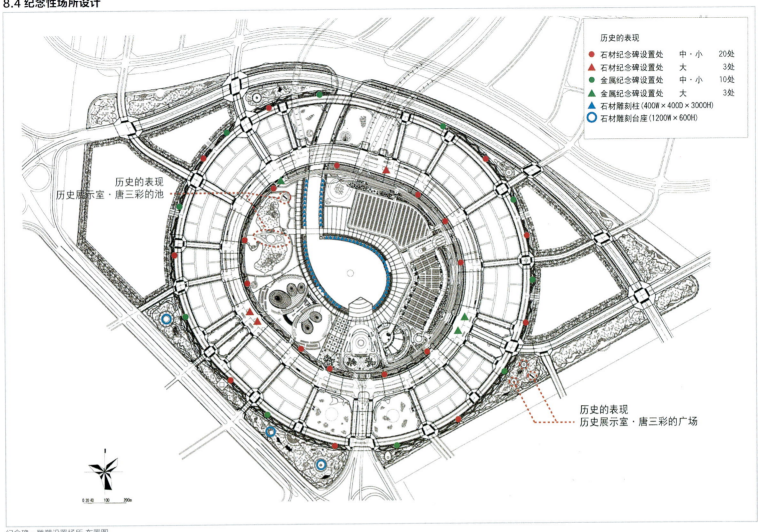

纪念碑·雕塑设置场所 布置图

历史展示室

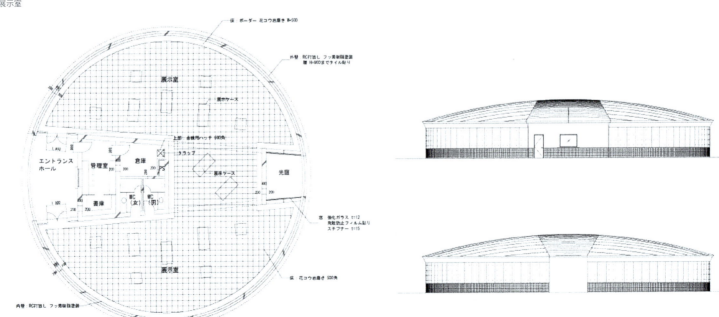

8.5 公厕设计

厕所的便器个数是按来园游客的数量(1人/60m)的1.5%、其中男女比例为1~1.5:1来计算的。在实需总数的244个的基础上,加上障碍者用便器数,总设置数为282个。利用半径设为约250m,提高利用者的便利性。

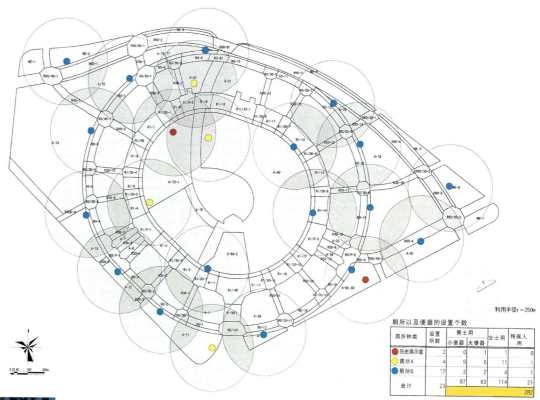

利用半径 r=250m

厕所以及便器的设置个数

厕所种类	设置所数	男士用		女士用	残疾人用
		小便器	大便器		
历史展示室	2	0	1	1	0
厕所A	4	9	6	11	1
厕所B	17	3	2	4	1
合计	23	87	60	114	21
					282

厕所布置图

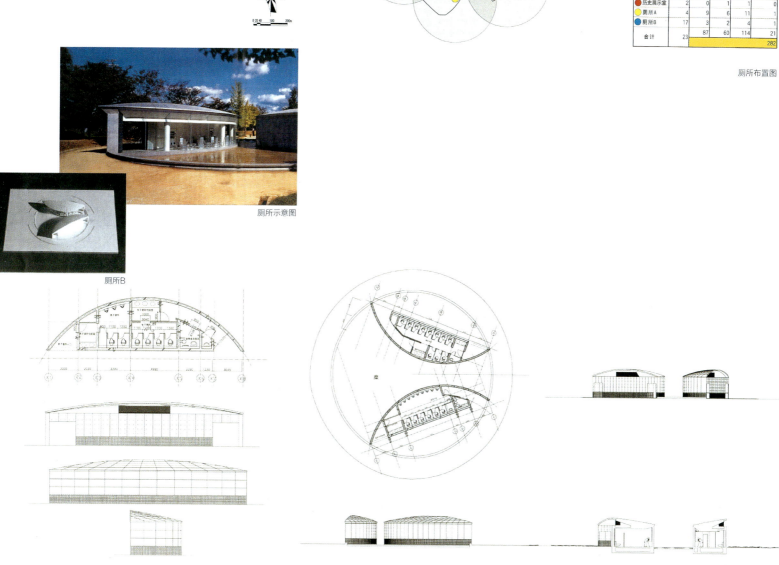

厕所示意图

厕所B

CBD景观规划设计 方案二
Landscape Planning and Design for CBD II

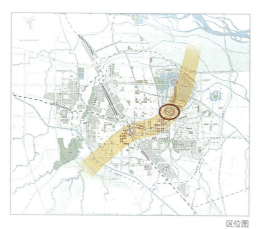

区位图

设计单位:日本昭和设计事务所

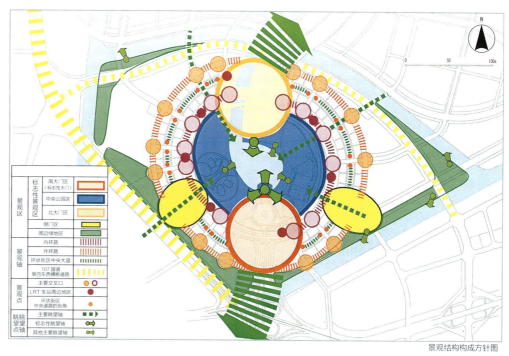

景观结构构成方针图

总平面图

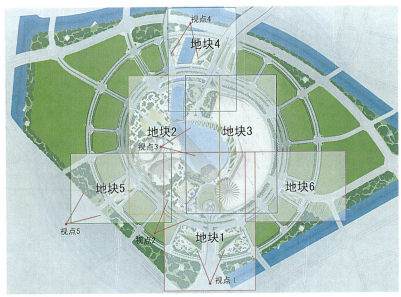
景观设计区块

地块1

视点1

地块2

视点2

64 Urban Planning and The Architectural Design for CBD of Zhengzhou New District

地块3

视点3

地块4

视点4

地块5

视点5

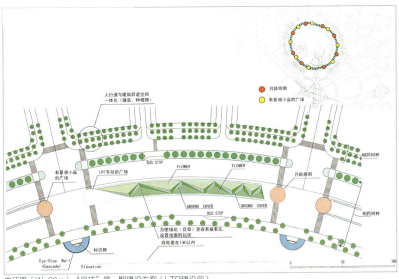

内环路（W=90m）"月环"第一期建设方案（LTR建设前）

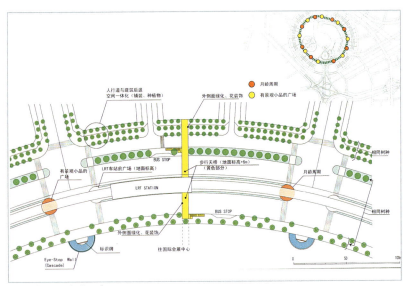

内环路（W=90m）"月环"

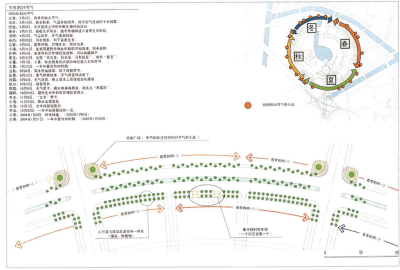

外环路（W=40m）"四季之环"

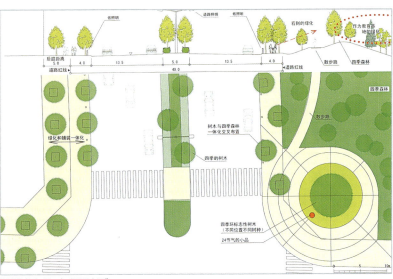

外环路（W=40m）"四季之环"

CBD景观规划设计 方案三
Landscape Planning and Design for CBD Ⅲ

设计单位：上海同济规划设计院

区位图

微观区位

用地规划图

设计概念图

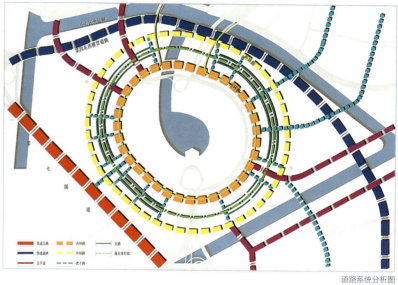

道路系统分析图

规划总平面图

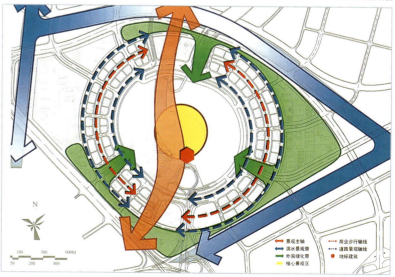

景观系统分析图

绿化系统分析图

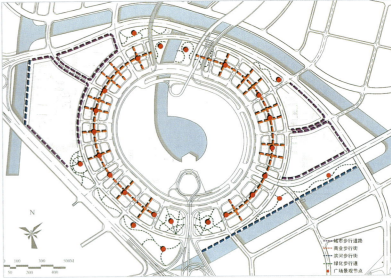

景观步行系统规划图

绿化节点A平面图

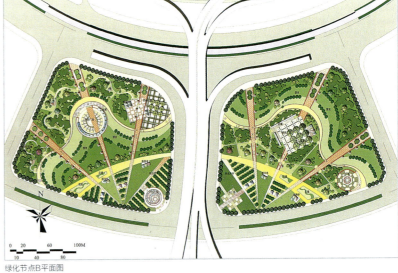

绿化节点B平面图

绿化节点E平面图

绿化节点F平面图

68 | Urban Planning and The Architectural Desigs for CBD of Zhengzhou New District

局部景观透视

商业街景观透视

夜景效果图

夜景立面图

景观效果图

70 | Urban Planning and The Architectural Design for CBD of Zhengzhou New District

滨河景观透视图

公园景观效果图

CBD景观规划设计 方案四
Landscape Planning and Design for CBD IV

设计单位：郑州市环境艺术设计所

CBD景观夜景效果图

CBD景观效果图

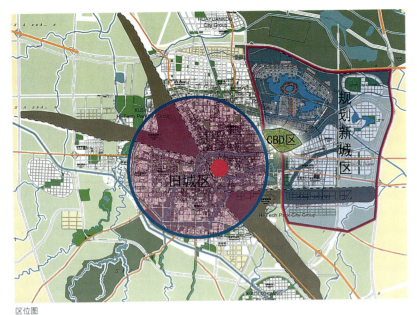

区位图

总平面图

功能分区

景观分析

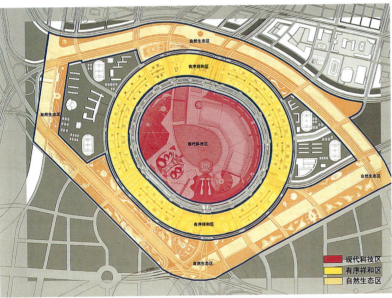

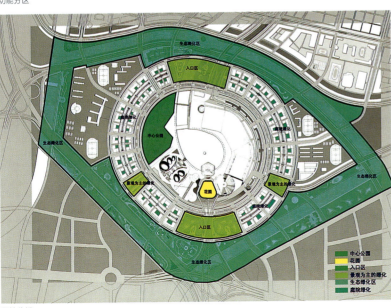

绿地分析

地下空间利用

1 结构廊

杂乱但又有序的钢结构，运用3种纯度较高的原色，突出该廊的指向性和强烈的视觉冲击。

2 中心公园

运用地表学原理，突破时下流行的简单以几何对称形式为特征的古典风格和追求自然形态的被动表现，以一种动态的平面与空间构成手法，组织空间环境的各种要素。打破人们常规的视觉经验，使人们身处其中能获得步移景异的视觉效果。同时，形式对比强烈、构成灵动的空间形象，给每一个进入的过客留下极深刻的印象。

3 北入口区

是从龙湖方向进入CBD地区的北部主入口，临近黄河东路，中间有水路分开，是主要景观点。设计抬高地势（1.5~2m），起到航标作用。水路东侧设计一休闲公园供居民游玩、休闲、健身，沿水岸设计亲水空间。

4 南入口区(龙脊坛)

是以金水路与107国道立交桥进入CBD地区的南部为主要入口，同时又可作为新郑州宾馆南部可视范围内的主要绿化空间。该区旨在营造一种起伏的坡地感、波浪感，内设有龙脊、玻璃廊。

5 107国道片区

该片区主要是交通通道、快速路，流动性强。片区外围为城市居住区。该片区分为4个层次，由道路向外围依次为：行道树、草灌带（9~12m宽）、乔木带（9~12m宽）、休闲绿化区（乔、灌、草、广场、游园、小品俱全，以乔木为主）。第四个层次（休闲绿化区）为107国道片区外围的建筑群落服务，包括休闲、健身、娱乐等功能。

6 金水河河滨公园

作为西部与金水河相临的亲水空间，我们在设计时突出亲水性，12m 宽的硬化铺装与花坛构成亲水平台，内设装饰灯柱、休闲坐凳、拉膜亭、雕塑等景观小品。河内近岸部分种植荷花供游人观赏。东部 38m 为休闲林带，片植落叶乔木、花灌木，形成一道色彩斑斓的植物景观道。

7 熊耳河片区

熊耳河两侧 50~100m 的绿化空间。该片区以坡地造景为主，贯插园路、广场、轴线及其配套设施，让丘陵缓坡地势及大自然的风貌走进城市，给市民一种清新的感觉。在该片区布置临水、亲水空间，使人更好地体验自然生活的情趣。岸南近 1100m 的空间中，布置五岳的微缩景观，突出其自然风光的别致，使市民尽饱祖国的名山风采。

8 道路绿化分析

内环：道路红线控制 90m，依次为人行道 6m- 慢车道 5m- 绿化带 5m- 快车道 18m- 中心景观带 22m- 快车道 18m- 绿化带 5m- 慢车道 5m- 人行道 6m。绿化带内以花灌木为主，小品以路灯、标志牌、广告为主。

中心景观带内有高架轻轨，主要以景观为主，设置坐凳、绿化、水体、广告、景观灯等，融生态、景观、文化、游憩于一体，创造一种人情交融的亲情环境。

107 国道：道路红线控制 100m，依次为景观绿化带 20m- 人行道 5m- 慢车道 7m- 绿化带 5m- 快车道 66m（内有高架快速路）- 绿化带 5m- 慢车道 7m- 人行道 5m- 景观绿化带 20m。

绿化带内以草坪、灌木群组、路灯、路牌、广告为主。

外围景观绿化带 8m 草坪 + 横纹图案，4m 灌木群组，8m 乔木林，形成一个富有层次感的绿化体系，极具观赏性，同时体现快速路的流动性。

CBD商业街规划与设计 ④
Commercial Street Planning and Design for CBD

黑川纪章建筑·都市设计事物所
Kisho Kurokawa Architect & Associates

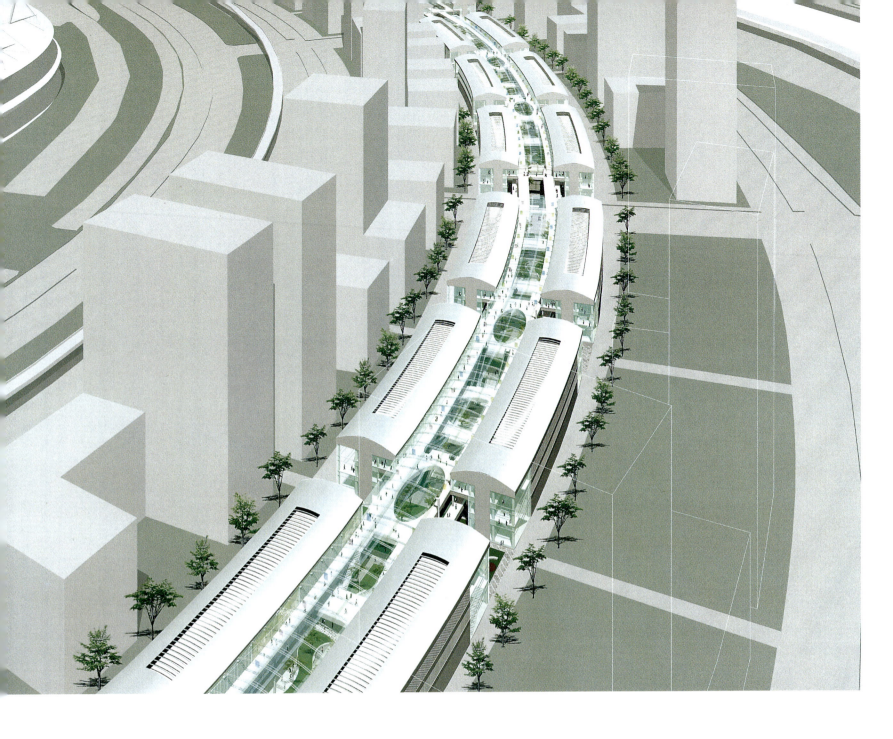

CBD商业街规划与设计
Commercial Street Planning and Design for CBD

设计单位：黑川纪章建筑·都市设计事务所

1 设计依据

1.1 根据CBD城市设计导则的设计

夹在内环建筑(限制高度80m)和外环建筑(限制高度120m)之间的街道，设计成以高度15m低层店铺所构成的商业街。商业街的中央部分以购物步行走廊和充满绿荫的细长公园相结合，构成了3.5km长的购物中心。

2 规划与设计特色

2.1 敞开而且赋予变化的店铺门面

在商业街的立面的处理上，步行走廊部分设计成能够看到店铺里面的敞开的玻璃墙，玻璃墙还设置了格子、竖向百叶等，形成半开放的店铺空间。这样既可以根据店铺的性质随意选择，又可以使街道的景观富于变化。

2.2 玻璃屋顶的购物中心

在商店建筑的上方加上有换气窗的拱形玻璃顶，使人们在雨天也能享受舒适的购物时光。利用拱形的屋顶装上各种照明灯具、广告旗和店铺招牌，使购物中心充满热闹繁华的气氛。

2.3 开放型的地下广场

地下空间的中央部分与地上连为一体，形成挑空广场。该广场集中配置12台自动扶梯，使购物者从

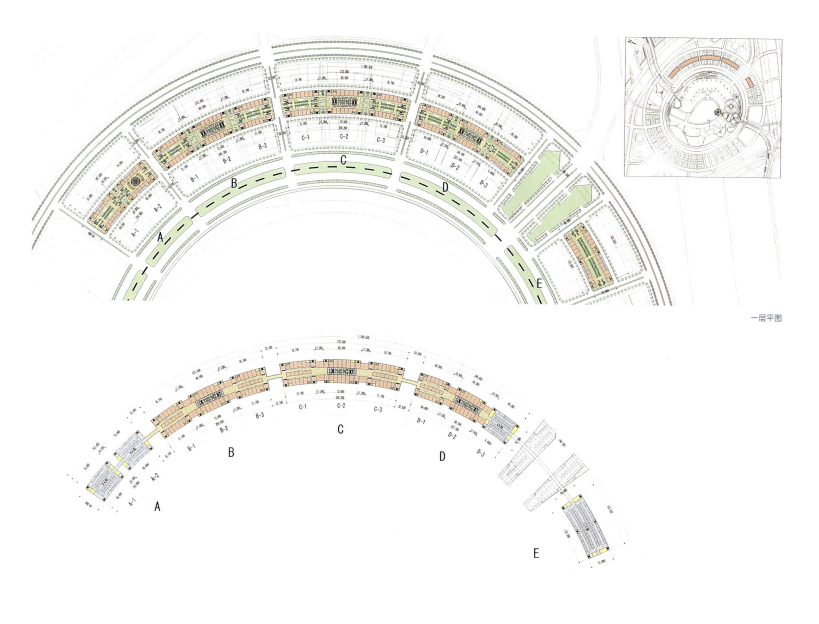

一层平图

地下一层平面

地下到地上三层自由往来，高度的移动效率酿造出繁华的商业气氛。

2.4 与购物中心直接连接的停车场

依据郑州市的规定商业空间每100m²有0.4个车位，规划的停车场有358个车位。如果在相邻地下建造公共停车场，则可再增加244个车位，总共可以收容602台，达到每100m²有0.65个车位，在路面下1m~1.5m之间的市政设施的下面设置联络通道，使购物者容易到达停车场。

2.5 提高购物中心回游性的陆桥

二层与三层设有步道，通过陆桥与各个地块连接，使购物者不用过马路就可以来往于整个街区，提高了商店街的回游性。

2.6 富有弹性的店铺构成

店铺建筑的设计预先考虑到从地下到地上三层的纵向空间的大型店铺，或者只占据一层或一层中的一部分的中小型店铺大贯通。大型店铺里设置专用自动扶梯，中型店铺里则可设置挑空空间和台阶引导购买者上楼，小型店铺则可在各自的店内设楼梯或借公用自动扶梯引导购买者上楼。

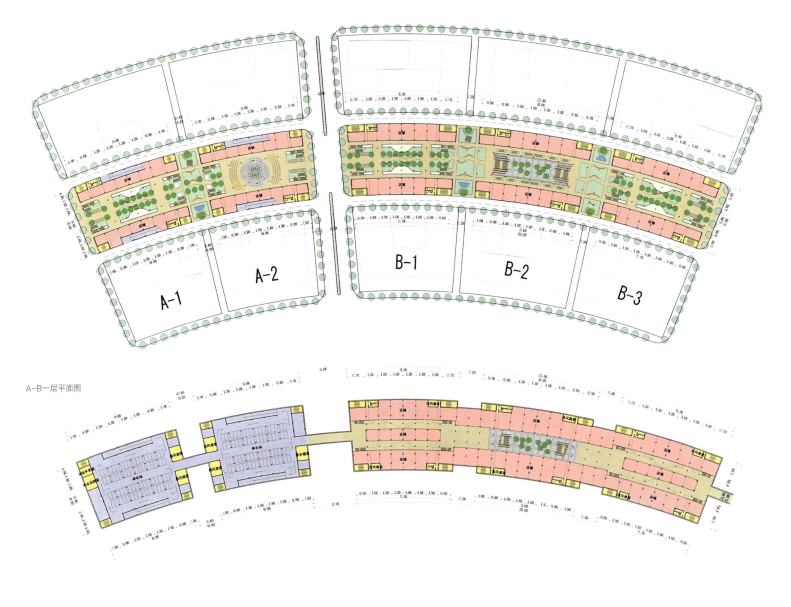

A-B一层平面图

A-B地下一层平面图

2.7 简明便捷的疏散规划

各栋建筑都在两端部分设置能满足疏散距离的疏散楼梯。大型和中型店铺的楼梯间采用防火百叶门，平时开放，通过玻璃外墙可以一览外面的街心公园。另外，从二层、三层可以直接疏散到陆桥。

2.8 作为休憩场所的公园

各个商业地块的入口部分设置容量500辆的自行车停车场。购物区的内部为步行专用，整个街区里散布着多种公园设施。如地下1层的休息广场、儿童游戏用的水池，还有设有游乐设施的街心公园等。

2.9 简单易识别的停车场入口

停车场的入口和出口分别设在街区外部的两条车道附近，形成沿着车流方向的单向交通系统，这样的商业街区道路安全易懂又不易引起交通堵塞。

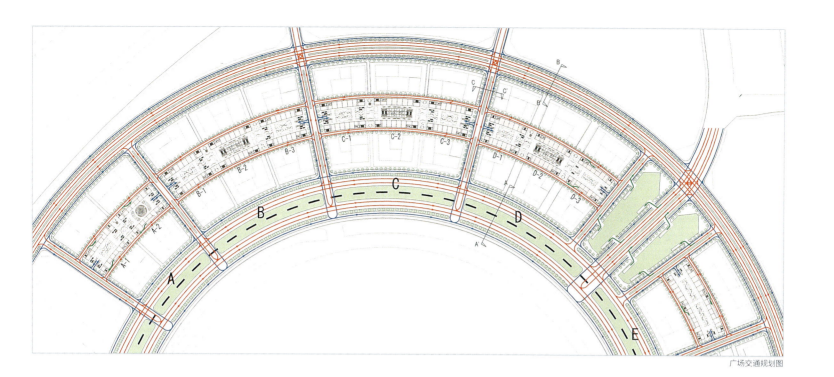

广场交通规划图

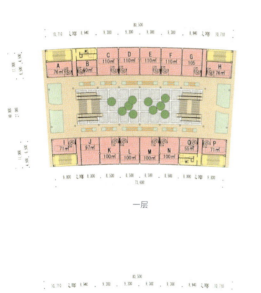

一层

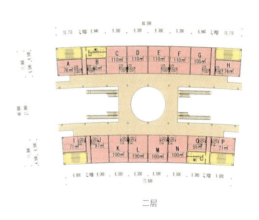

二层

地下1层

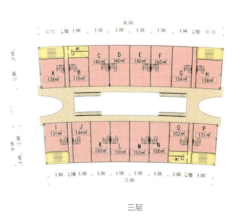

三层

小型店铺布局示意图-1

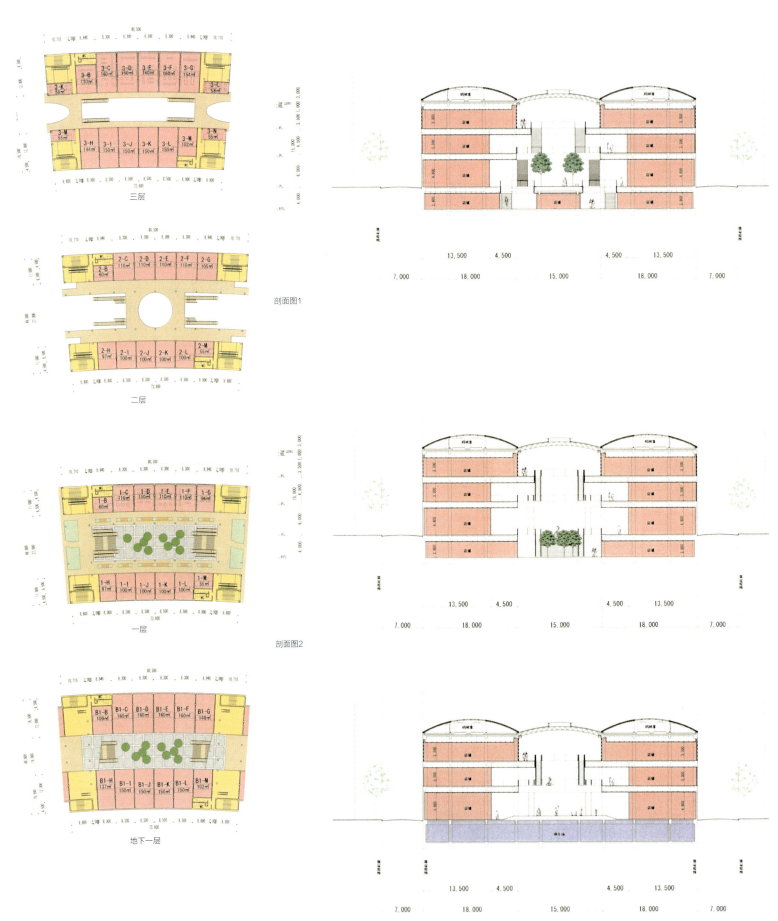

三层

剖面图1

二层

一层

剖面图2

地下一层

剖面图3

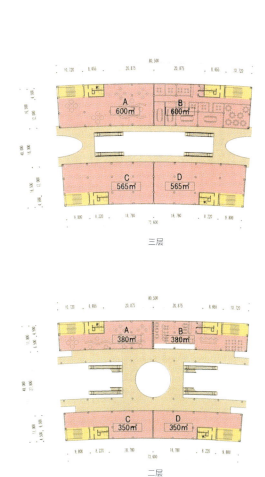

三层

二层

一层

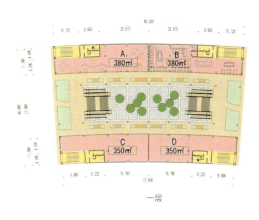

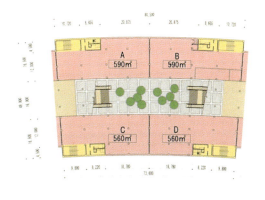

地下一层

中型店铺布局示意图

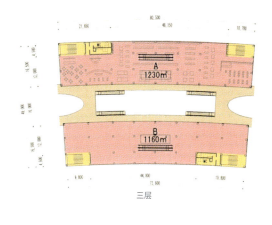

三层

二层

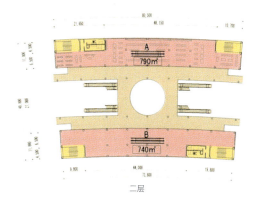

一层

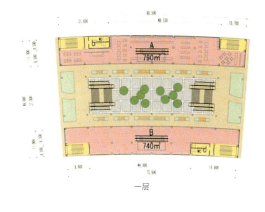

地下一层

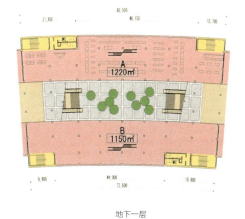

大型店铺布局示意图

郑东新区商务中心区
城市规划与建筑设计篇 | 85

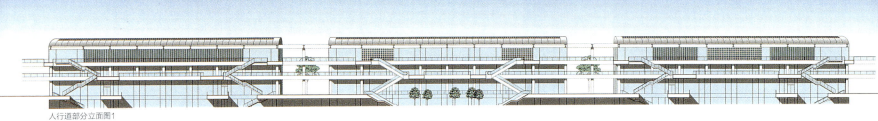
人行道部分立面图1

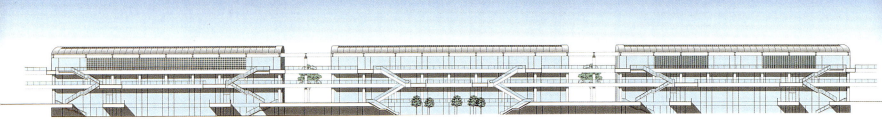
人行道部分立面图2

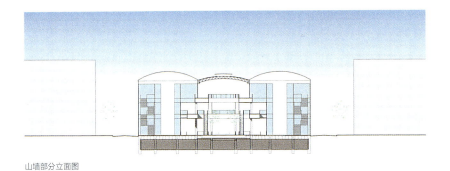
山墙部分立面图

车道部分立面图

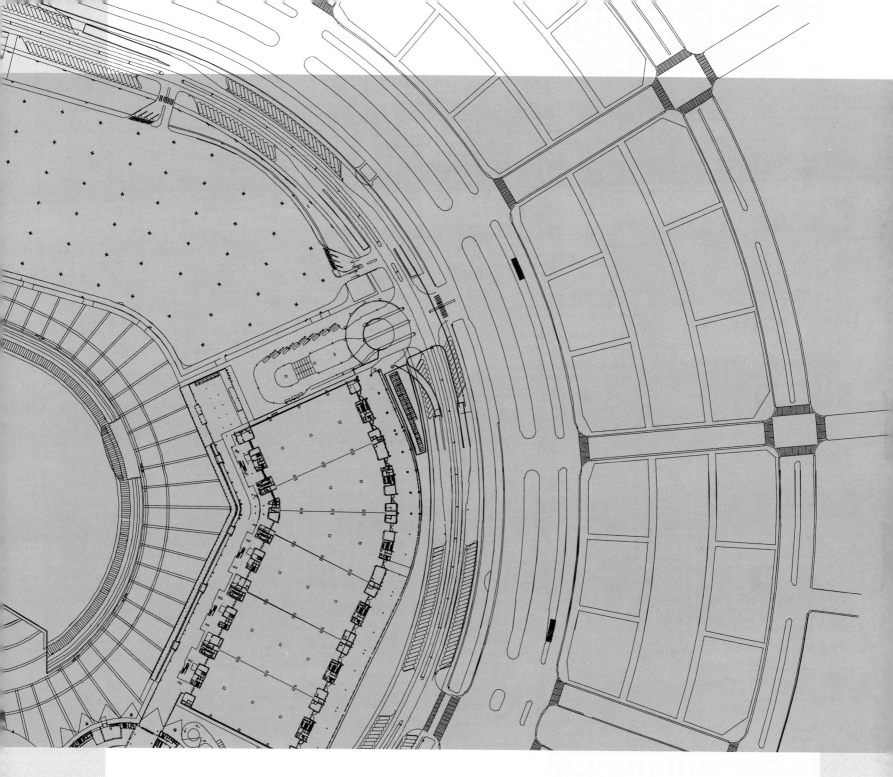

CBD建筑设计

Design of Buildings for CBD

第二部分
Part II

第二部分 Part II

CBD建筑设计
Design of Buildings for CBD

093 郑州国际会展中心
Zhengzhou International Convention and Exhibition Center

109 郑州国际会展宾馆（郑州绿地广场）
Zhengzhou International Convention and Exhibition Hotel (Zhengzhou Greenland Plaza)

129 河南艺术中心
Henan Arts Centre

139 商业步行街
Commerical Pedestrian Street

163 居住建筑
Residential Buildings

189 商务办公建筑
Business Office Buildings

252 文化教育建筑
Buildings for Education

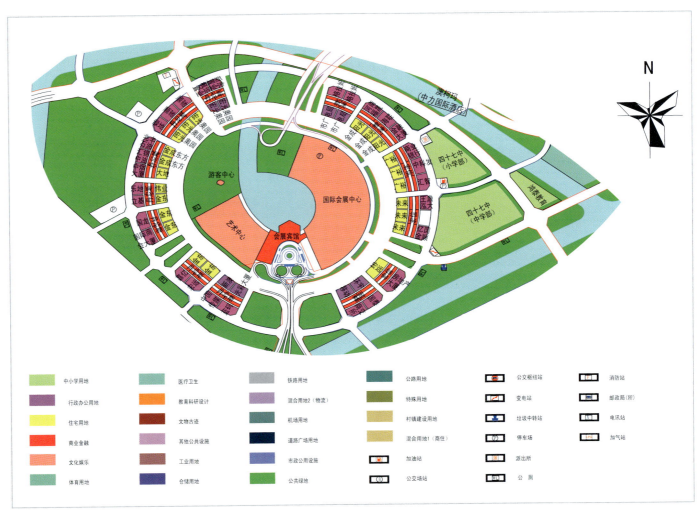

郑东新区商务中心区分布图

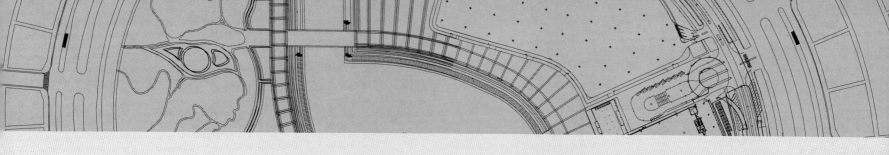

郑州国际会展中心
Zhengzhou International Convention and Exhibition Center 〔1〕

黑川纪章建筑·都市设计事务所
Kisho Kurokawa Architect & Associates

机械工业第六设计研究院
NO.6 Institu of Project Planning & Research of Machinery Industry

郑州国际会展中心
Zhengzhou International Convention and Exhibition Centre

建设单位：郑州国际会展有限责任公司
地　　址：郑州市郑东新区CBD中央商务区
设计单位：黑川纪章建筑·都市设计事务所
　　　　　机械工业第六设计研究院
中方设计人员
　　项目总负责人：龙文新
　　结构专业负责人：李亚民　郭磊　马红玉
　　建筑专业负责人：张海燕　陈豫　汪洋海
　　规划专业负责人：李文东
　　给排水专业负责人：卫海凤　杨飞
　　暖通空调专业负责人：任苒　赵炬　谷付清
　　电气专业负责人：陈丛迎　王雪珍　董文杰
　　动力专业负责人：王有富　张存英
　　经济专业负责人：陈臻　代兵
　　智能化专业负责人：朱恺真　米玥
施工单位：中国建筑第八工程局、第二工程局、
　　　　　浙江精工钢构、上海宝冶钢构等
用地面积：216822m^2
建筑面积：226882m^2
　　　　（其中地上200313m^2，地下26569m^2）
设计起止时间：2002年7月20日~2004年1月8日
开工时间：2003年1月20日
竣工时间：2005年10月26日

郑州国际会展中心是郑州市政府投资兴建的一处大型现代化公共事业项目，其地理位置优越，位于郑东新区CBD中央商务区中心，与107国道和京珠高速公路相邻，集展览、会议、商务、餐饮、娱乐、休闲、观光旅游为一体，功能齐备、设施先进、服务完善。会展中心总占地面积685700m^2，一期工程总投资22.23亿元，建筑面积226882m^2（其中展览166707m^2，会议60175m^2），综合了会议和展览两种使用功能。

郑州国际会展中心以创造新世纪高水准的、与自然生态共生、与历史共生、独具中原文化价值的大型展览建筑为总体设计理念，注重追求高科技、强调技术美、结构美与建筑美的完美统一，依托现代化新材料、新技术、新工艺，表达新时代特征，探讨历史与现代、人类与自然、文化与生命在建筑载体中的哲学意义。工作中为充分体现这一设计理念，我们主要强调了以下几个方面：

（1）充分考虑使用主体——人的动态行为，透析不同目的人流、物流包括大型集装箱的路线，分设不同的出入口、交通和使用空间，再配备先进的设施、指示和完善的服务，让这一功能复杂的综合体脉络清晰，主体行为目的明确，保证这一建筑在现代节奏社会中运行效率的充分发挥。

（2）为适应未来大型展览的需要，展厅空间设计高敞、纯净，主体虽为钢筋混凝土结构但屋面采用先进的H型钢张弦桁架的斜拉结构，跨度达102m，二层展厅地面至钢檩架下弦最低点高达22.5m，原来在一层每个展示厅中间有的三根柱子在二层全部取消，形成一个完美的面积超过6000m^{2}的大空间，并且悬索结构形式缩小了室内鱼腹式钢檩架的断面尺寸，结构构件变得精巧、细致，空间也变得更加通透和一览无余，充分体现现代工程技术带来的轻盈和飘逸。

（3）本项目既有一般大型公建的特点又有受限空间的特点，现行的高层建筑设计规范不能完全适用，为保证会展期间大量人员同时聚集和疏散的安全，并确保其建筑造型及使用功能的完整性和艺术性，本项目消防设计针对重点问题采用性能化设计，即采用近年来国际上发展起来的火灾危险性评估及性能化防火设计的方法对该建筑进行全面系统的分析和论证，并指导其消防设计。

（4）现代技术的发展，对建筑造型产生了巨大影响，技术与艺术的结合，改变了建筑创作的观念，拓展了建筑设计的方法和表现力。高技术派风格的建筑打破了以往单纯从美学角度追求造型表现的框框，开创了从科学技术的角度出发，以"技术性思维"捕捉结构、构造和设备技术与建筑造型的内在联系，将技术升华为艺术，并使之成为富于时代气息的表现手段。

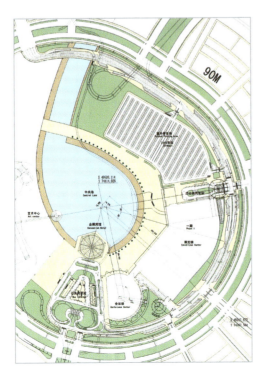

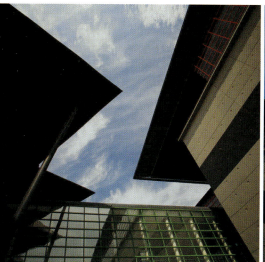

黑川纪章修改草图

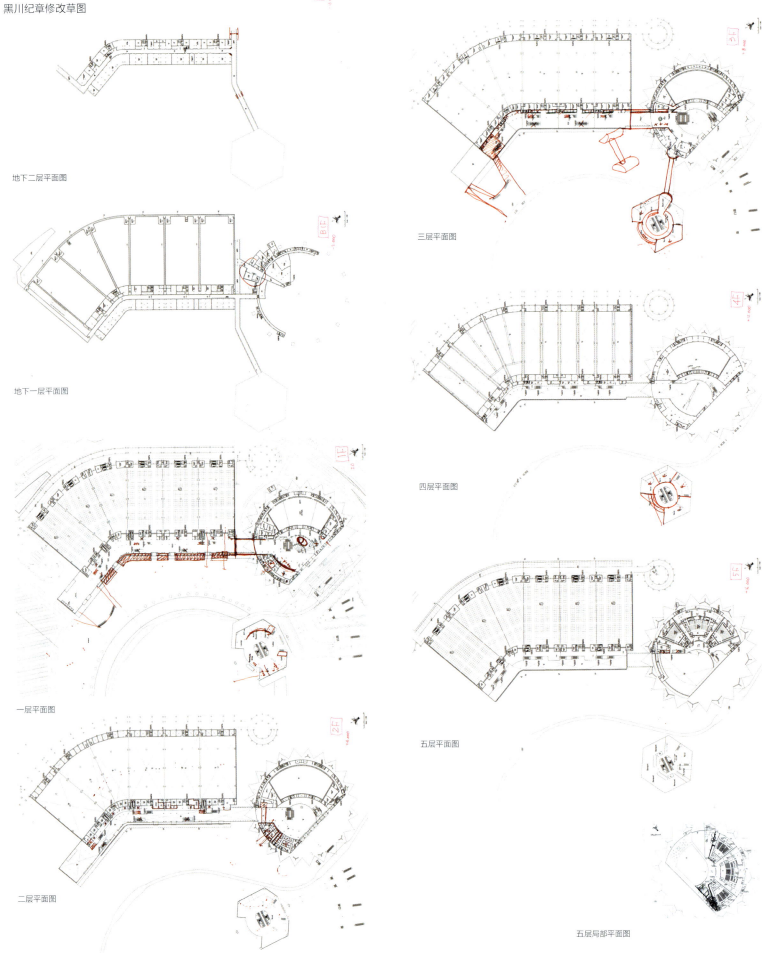

地下二层平面图

地下一层平面图

一层平面图

二层平面图

三层平面图

四层平面图

五层平面图

五层局部平面图

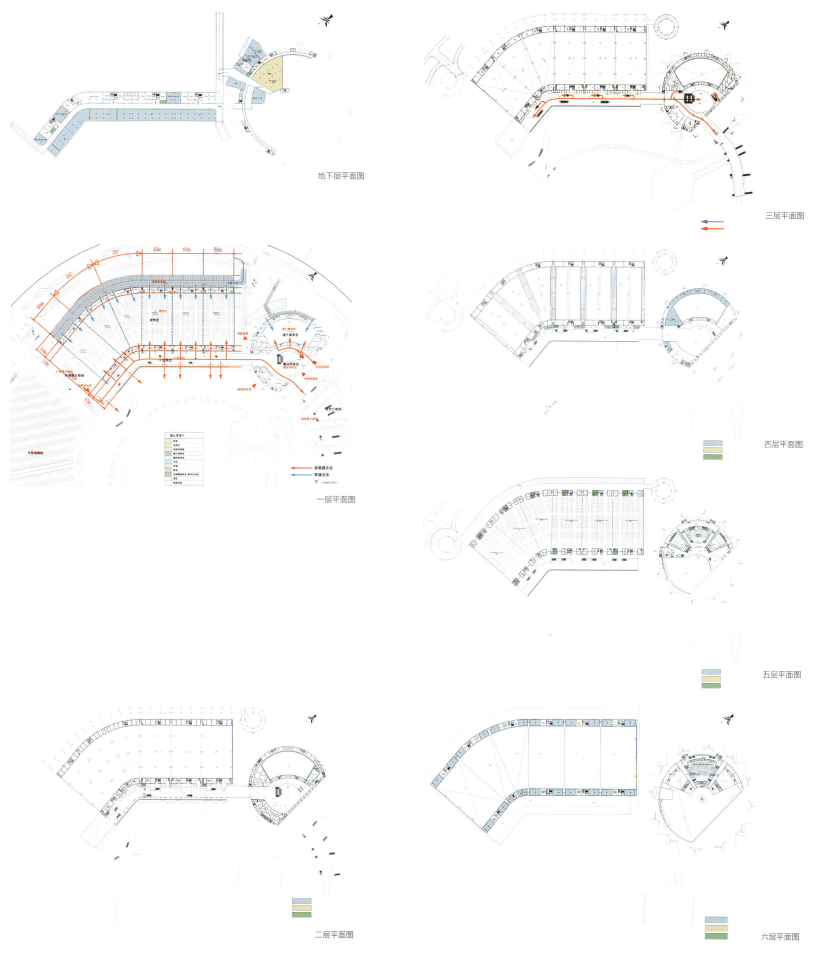

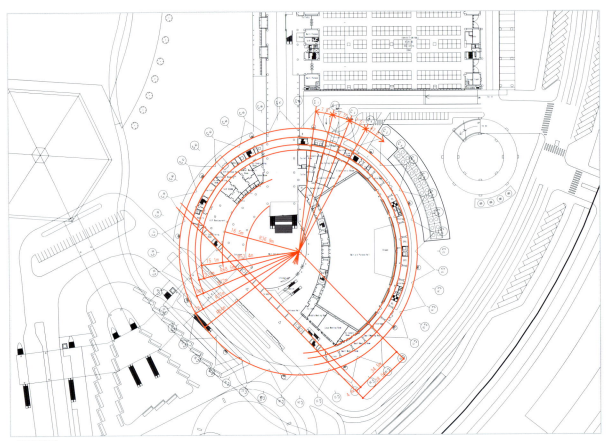

一层平面详图

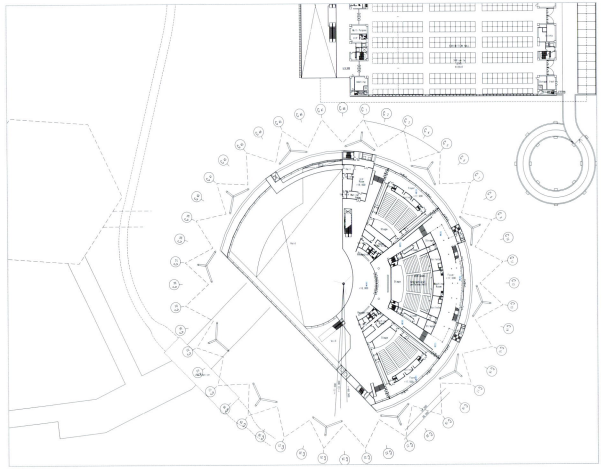

五层平面详图

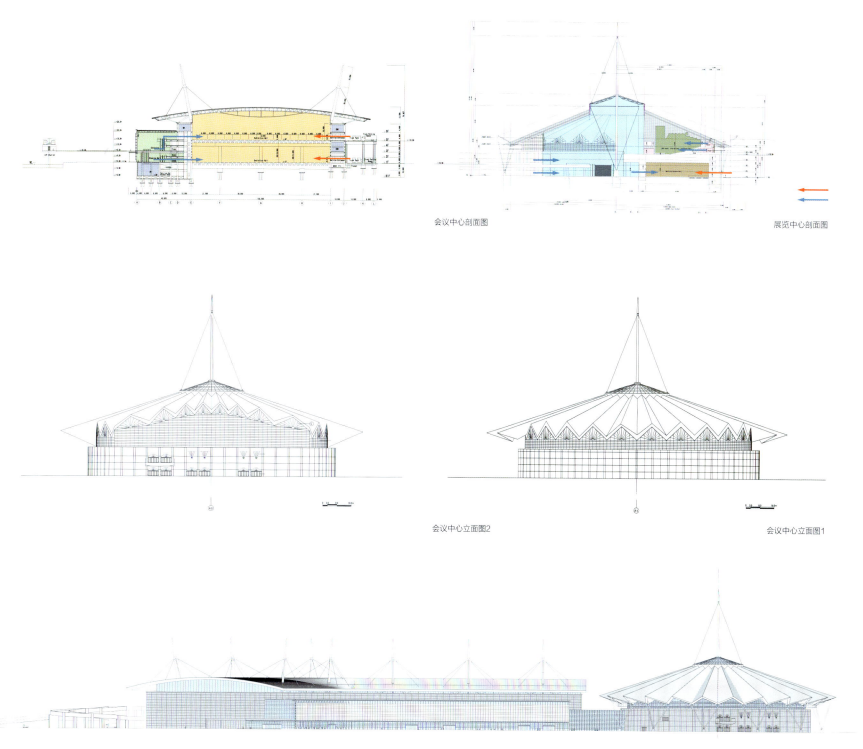

会议中心剖面图　　展览中心剖面图

会议中心立面2　　会议中心立面1

会展中心立面图3

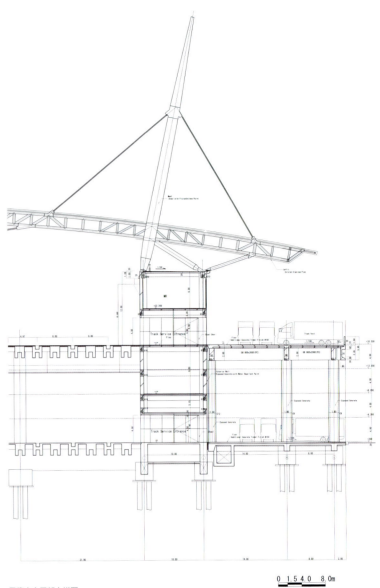

展览中心局部大样图

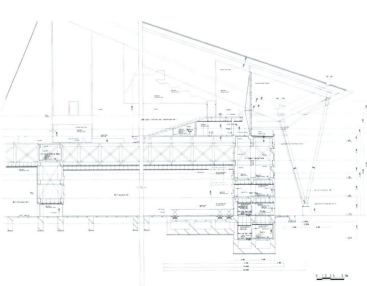

会议中心局部大样图

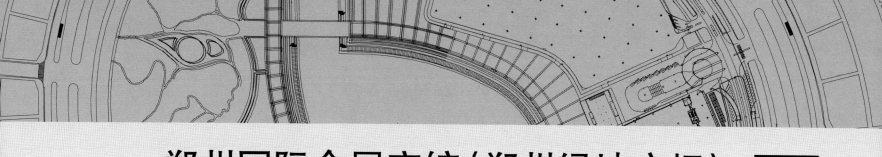

郑州国际会展宾馆（郑州绿地广场）
Zhengzhou International Convention and Exhibition Hotel (Zhengzhou Greenland Plaza)

2

实施方案：

SOM设计事务所
Skidmore. Owing and Merrill LLP

上海华东建筑设计研究院有限公司
East China Architectural & Research Instiiue CO,LTD

规划构思方案：

黑川纪章建筑・都市设计事务所
Kisho Kurokawa Architect & Associates

投标方案：

上海华东建筑设计研究院有限公司
East China Architectural & Research Instiue CO,LTD

加拿大PPA建筑师事务所
PPA office

美国NBBJ事务所
NBBJ office

美国SOM设计事务所
Skidmore. Owing and Merrill LLP

英国阿特金斯集团
Atkins

香港王欧阳建筑事务所
Wong & Ouyang (China Projects) Ltd

上海建筑设计研究院有限公司
Shanghai Institute of Architectural Design & Resrarch Co,Ltd

郑州国际会展宾馆（郑州绿地广场）
Zhengzhou International Convention and Exhibition Hotel
(Zhengzhou Greenland Plaza)

建设单位：上海绿地集团
地　　址：郑州市郑东新区 CBD 中央商务区
设计单位：SOM 设计事务所
　　　　　上海华东建筑设计研究院有限公司
施工单位：中天建设集团有限公司
用地面积：28600m²
建筑面积：260000m²
建筑规模：地上 56 层，地下 3 层
设计时间：2006 年 01 月～2007 年 11 月

郑州绿地广场是由上海绿地集团投资 22 亿元兴建的集超五星酒店、顶级写字楼、商业、娱乐、休闲为一体的超高层建筑，占地面积 28600m²，总建筑面积 260000m²，建筑高度为 280m，是中原五省之最。该项目的设计由 SOM 设计事务所与上海华东建筑设计院联合承担，建成后将成为郑州新的城市名片，是郑东新区 CBD 三大标志性建筑之一。

项目位于郑东新区 CBD 中心公园内，东邻已建成的郑州国际会展中心；南面正对中心广场与城市立交桥；西临河南艺术中心；北侧为郑东新区中心公园和中心湖。由主楼与配楼组成，成一高一低的组合，主楼主要由办公酒店组成，商业裙房位于主楼正前方，从南面望去，形成塔楼的基座。

主楼：塔楼首层包括办公和酒店主入口大堂。塔楼 2 层以及 5~34 层包括建筑内办公层的核心筒和壳体，36~52 层包括约 450 间酒店客房，空中大堂位于 36 层，餐厅位于 36 层和 37 层，套房位于 51 层和 52 层。36~55 层设中庭。塔楼 3 层、35 层和 53 层包括主要的机械设备空间，避难区位于 18 层、35 层和 53 层。55、56 层为观光餐厅和观景台。

商业配楼：首层主要为零售专卖店、酒店、宴会厅和办公入口大堂、停车场和装卸区入口。夹层及二层主要为零售专卖店，KTV 则位于四层。3 层裙房内设酒店会议中心、酒店宴会厅及其辅助设施。酒店会议中心与塔楼 3 层通过一座天桥相连，同时塔楼 3 层是酒店康乐中心。

地下室：本项目地下室共有 3 层，地下一层包括零售、装卸区、酒店后勤服务区、机电设备、电话设备间以及主要进线建筑服务。地下一层在塔楼下方有一个夹层，用于存放自行车、设置零售空间和观景层的入口大堂。地下二层和三层为停车库和酒店后勤用房，停车库可以停放 1100 辆汽车和 1500 辆自行车。

其设计理念尊重历史文化，体现时代精神。位于河南的嵩岳寺塔，其特有的造型承载着悠久的历史和文明，更是中原文化的杰出代表。郑州会展宾馆作为郑东新区 CBD 最重要的标志性建筑，正是以嵩岳寺塔为原型，并利用现代化技术加以转译，从而形成郑东新区乃至中原地区的新地标建筑。主楼的造型，依据嵩岳寺塔三段式的划分——塔基、密檐、塔刹，传承密檐塔层层叠檐的肌理，采用玻璃幕墙等现代材料，赋予建筑时代感。同时保留了塔身柔和优美的抛物线轮廓，独一无二的平面轮廓成为主楼平面的灵感源泉。

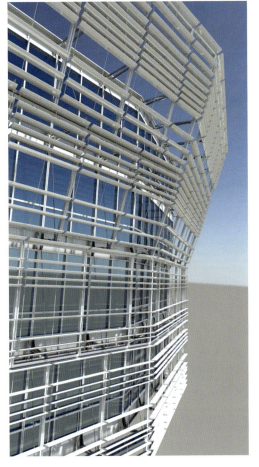

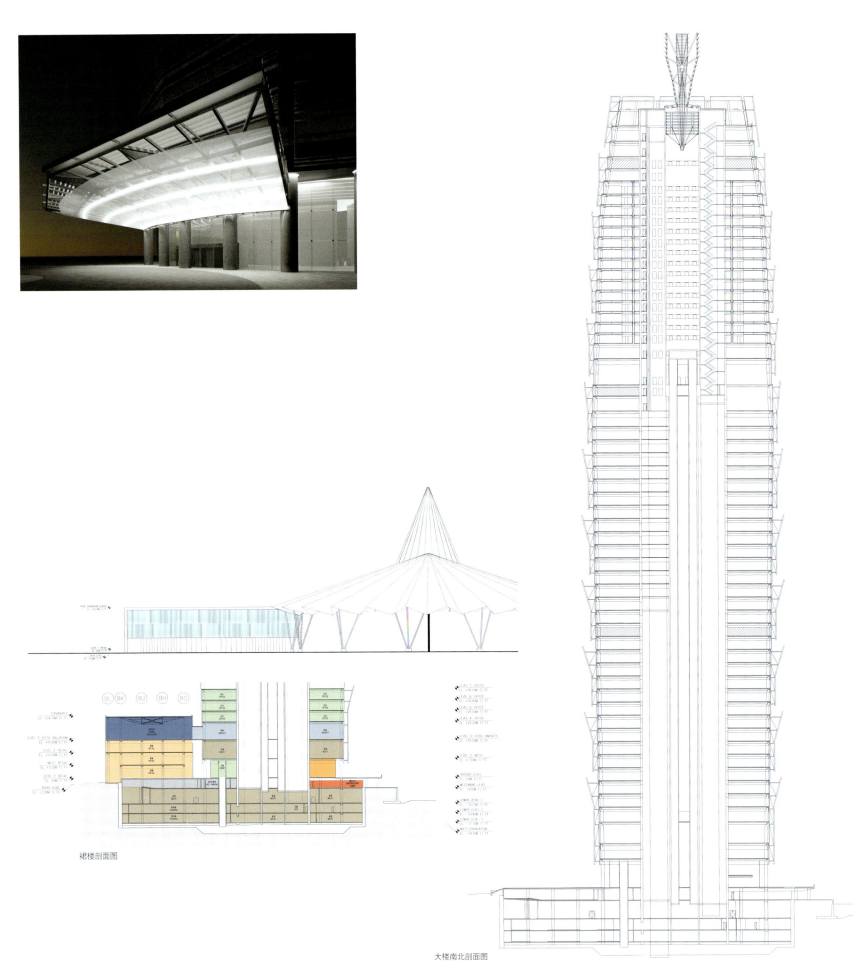

裙楼剖面图

大楼南北剖面图

Urban Planning and The Architectural Design for CBD of Zhengzhou New District

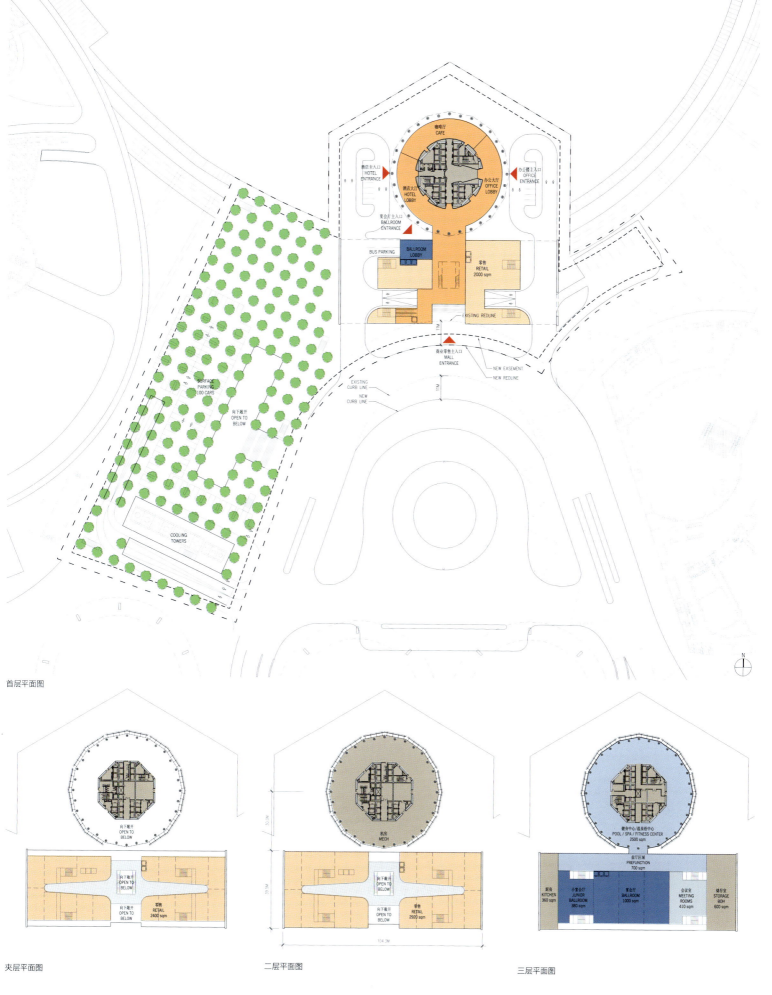

首层平面图

夹层平面图

二层平面图

三层平面图

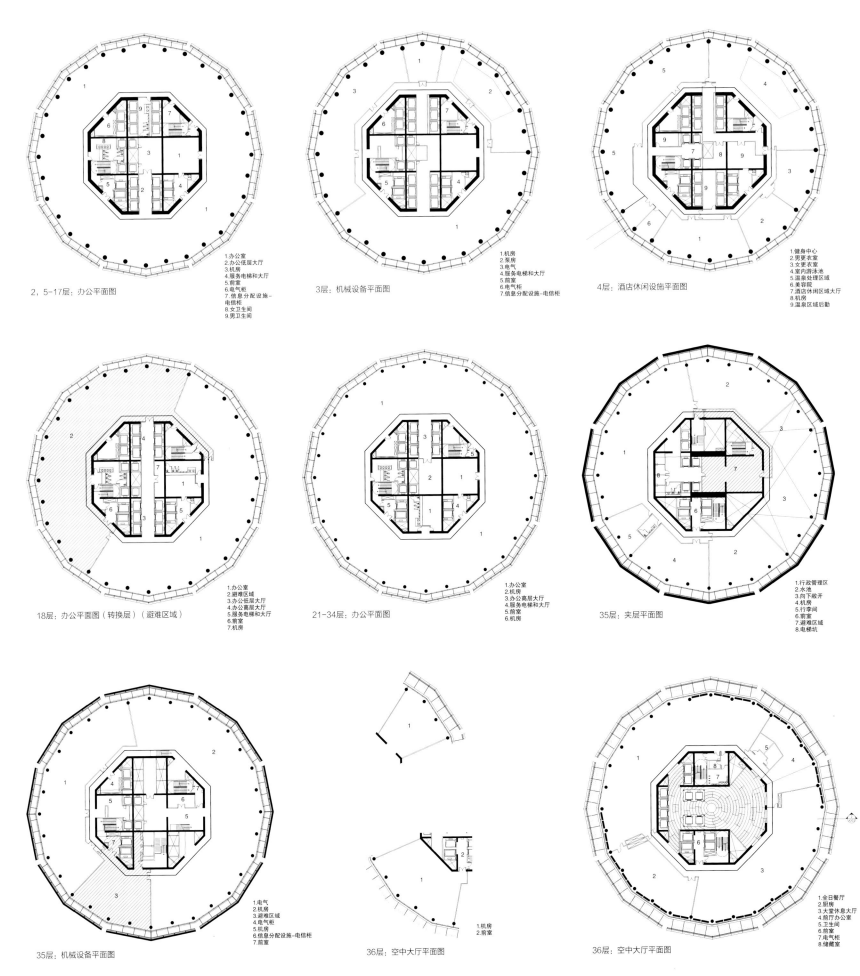

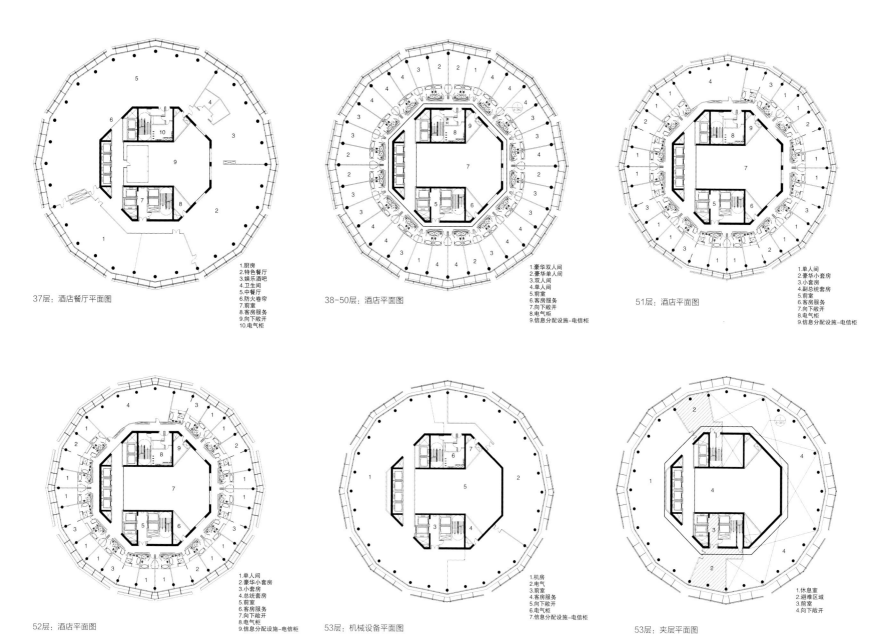

37层：酒店餐厅平面图
1.厨房
2.特色餐厅
3.娱乐酒吧
4.卫生间
5.中餐厅
6.防火卷帘
7.前室
8.客房服务
9.向下敞开
10.电气柜

38-50层：酒店平面图
1.豪华双人间
2.豪华单人间
3.双人间
4.单人间
5.前室
6.客房服务
7.向下敞开
8.电气柜
9.信息分配设施-电信柜

51层：酒店平面图
1.单人间
2.豪华小套房
3.小套房
4.副总统套房
5.前室
6.客房服务
7.向下敞开
8.电气柜
9.信息分配设施-电信柜

52层：酒店平面图
1.单人间
2.豪华小套房
3.小套房
4.总统套房
5.前室
6.客房服务
7.向下敞开
8.电气柜
9.信息分配设施-电信柜

53层：机械设备平面图
1.机房
2.电气
3.前室
4.客房服务
5.向下敞开
6.电气柜
7.信息分配设施-电信柜

53层：夹层平面图
1.休息室
2.避难区域
3.前室
4.向下敞开

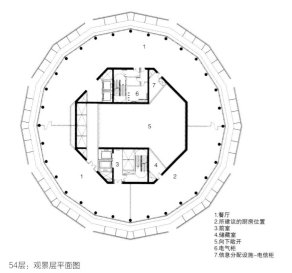

54层：观景层平面图
1.餐厅
2.所建议的厨房位置
3.前室
4.储藏室
5.向下敞开
6.电气柜
7.信息分配设施-电信柜

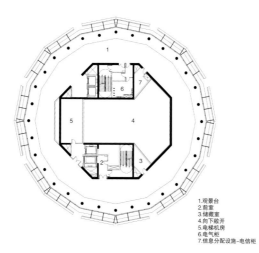

55层：观景层平面图
1.观景台
2.前室
3.储藏室
4.向下敞开
5.电梯机房
6.电气柜
7.信息分配设施-电信柜

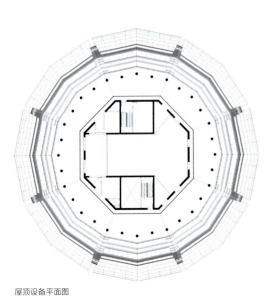
屋顶设备平面图

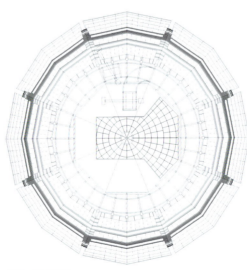
57层:屋顶平面图

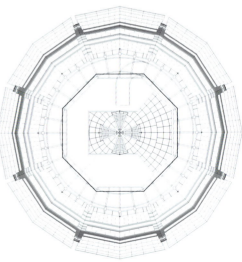
日光反射器平面图

原黑川纪章规划方案

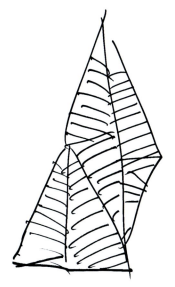

黑川纪章会展宾馆最初构思草图及方案

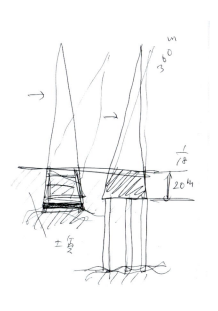

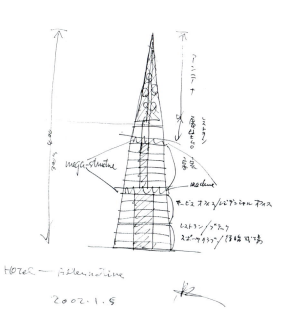

上海华东建筑设计研究院有限公司投标方案

加拿大PPA建筑师事务所投标方案

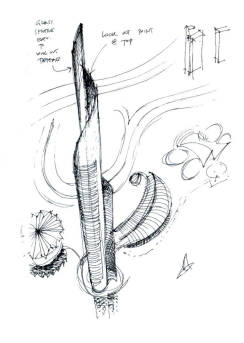
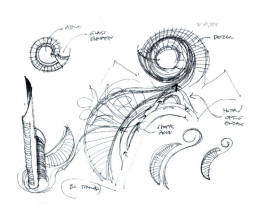

美国NBBJ事务所投标方案

124 | Urban Planning and The Architectural Designs for CBD of Zhengzhou New District

美国Skidmore, Owings&Merrill LLP投标方案

香港王欧阳建筑事务所投标方案

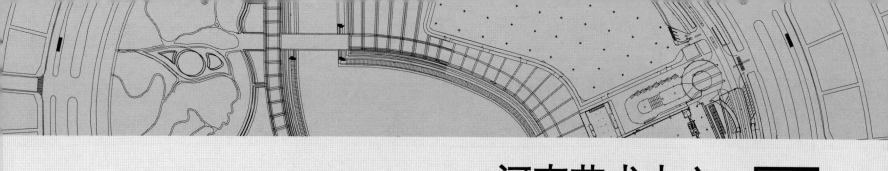

河南艺术中心
Henan Arts Centre

3

加拿大OTT/PPA建筑师事务所
OTT/PPA

中国航空工业规划设计研究院
China Aeronautical Project and Design Insitute

河南艺术中心
Henan Arts Centre

地　　址：郑州市郑东新区CBD地区
设计单位：加拿大OTT/PPA建筑师事物所
　　　　　中国航空工业规划设计研究院
设计人员：卡洛斯·奥特、于一平、刘惠瑗
施工单位：北京建工集团有限责任公司河南艺术中心项目部
用地面积：100000m^2
建筑面积：77396m^2（其中地下14839m^2，地上62557m^2）
建设规模：地上10层，地下1层
设计时间：2003年~2005年

　　河南艺术中心是河南省"十五"期间重点项目，位于郑州市郑东新区CBD核心区，占地面积10hm^2，建筑面积约77396m^2。

　　建筑地下一层（舞台部分地下-15m），地上10层（大剧院部分），建筑总高度42m。

　　河南艺术中心由1个1800座大剧院、1个800座音乐厅、1个300座小剧场、1个美术馆、1个艺术馆及公共服务空间、后勤辅助用房组成。

　　河南艺术中心方案由加拿大OTT/PPA建筑师事物所卡洛斯·奥特先生设计，整体造型由中国古代乐器陶埙和石排箫演变而来，具有深厚的中原文化底蕴。中间晶莹剔透的装饰柱，是设计师根据河南出土的8700年前中华第一笛——骨笛感悟而做。整个建筑群体均取之于古代乐器的抽象造型，使河南古代文化与现代建筑艺术有机地结合在一起。

　　河南艺术中心设计方案中5个椭圆体的长轴汇集于一个中心，寓意着郑州市作为中原之中心的地理位置。两片翻卷上升的建筑体将不对称的两组建筑纳入了轴对称的正立面，赋予这组现代化建筑中国传统建筑的精髓，同时将美术馆、艺术馆与大剧院、音乐厅根据静巧妙而自然地划分开来，而互动的作用表现在日间活动较多的美术馆、艺术馆与夜间活动较多的大剧院、音乐厅为艺术中心带来昼夜不息的生气。

　　艺术中心风格独特，内部设施功能齐全，能满足大型歌剧、大型舞剧、大型交响乐、戏曲、话剧等多用途的演出需求，同时也能满足对河南文化艺术珍品、河南艺术精品的收藏和陈列展示的需求，使其成为继承、发展、交流河南民间优秀文化遗产的基地和窗口。

　　河南艺术中心是座现代化的智能建筑，为开展各种活动提供安全、健康、节能的生态环境和信息网络服务，配备国际上先进、适用、可靠的设施和智能化的运行管理。

总平面图

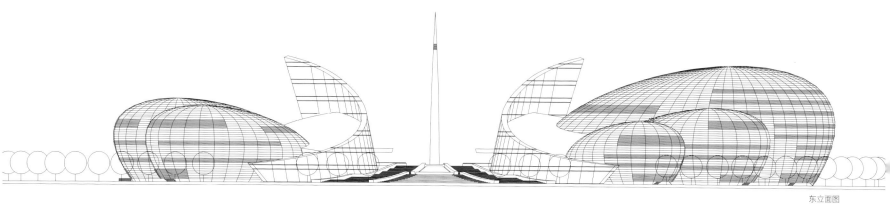

东立面图

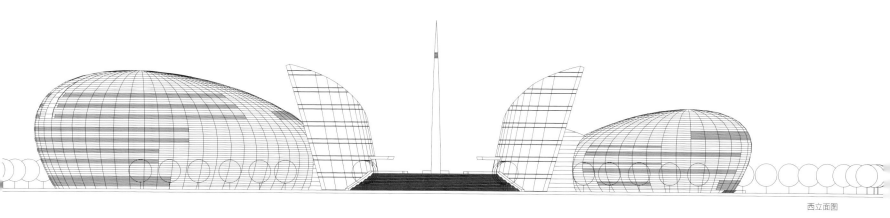

西立面图

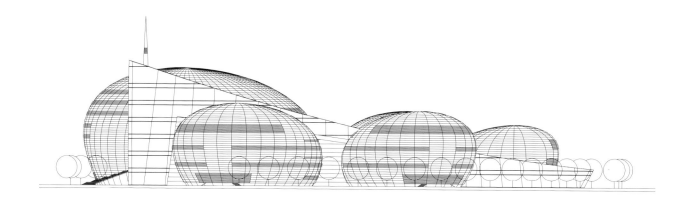

南立面图

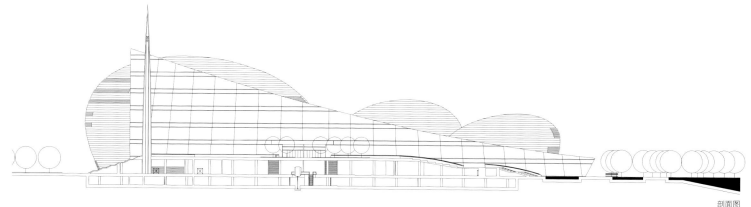

剖面图

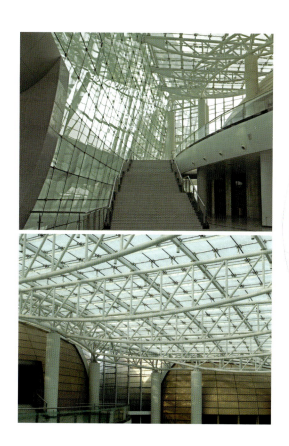

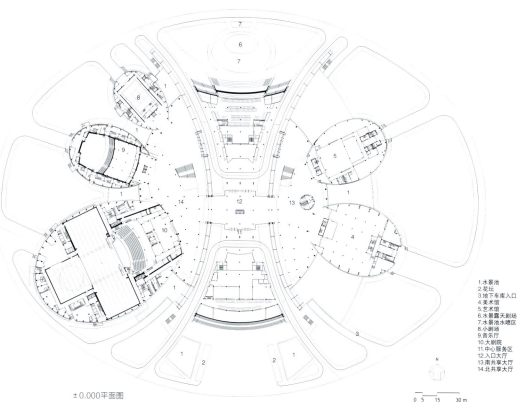

±0.000平面图

1. 水景池
2. 花坛
3. 地下车库入口
4. 美术馆
5. 艺术馆
6. 水景露天剧场
7. 水景池水喷区
8. 小剧场
9. 音乐厅
10. 大剧院
11. 中心服务区
12. 入口大厅
13. 南共享大厅
14. 北共享大厅

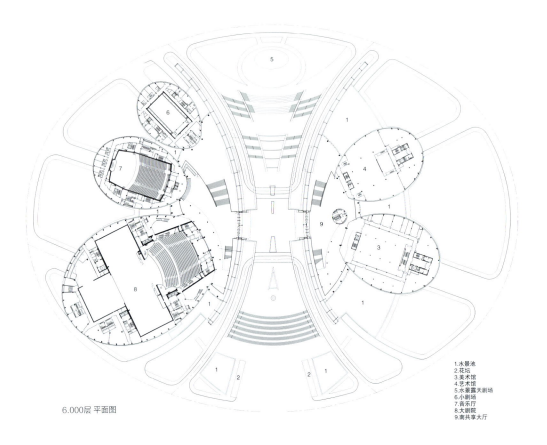

6.000层 平面图

1. 水景池
2. 花坛
3. 美术馆
4. 艺术馆
5. 水景露天剧场
6. 小剧场
7. 音乐厅
8. 大剧院
9. 南共享大厅

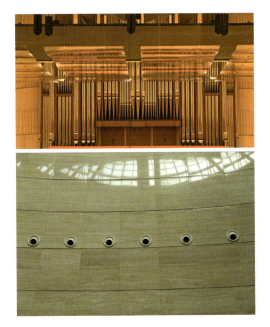

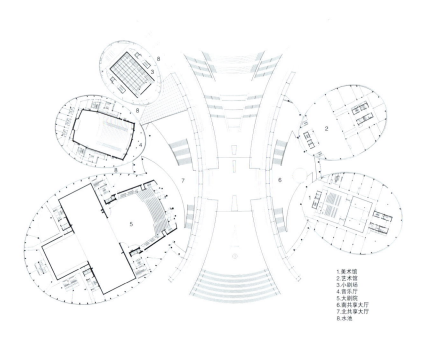

12.000层 平面图

1. 美术馆
2. 艺术馆
3. 小剧场
4. 音乐厅
5. 大剧院
6. 南共享大厅
7. 北共享大厅
8. 水池

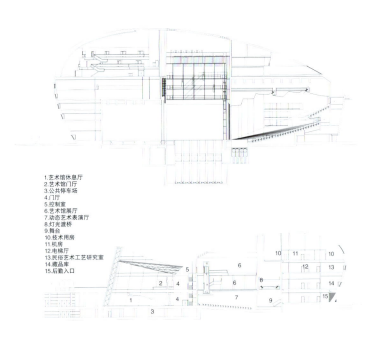

剖面图

1. 艺术馆休息厅
2. 艺术馆门厅
3. 公共停车场
4. 门厅
5. 控制室
6. 艺术馆展厅
7. 动态艺术表演厅
8. 灯光渡桥
9. 舞台
10. 技术用房
11. 机房
12. 电梯厅
13. 民俗艺术工艺研究室
14. 藏品库
15. 后勤入口

136 | Urban Planning and The Architectural Desigs for CBD of Zhengzhou New District

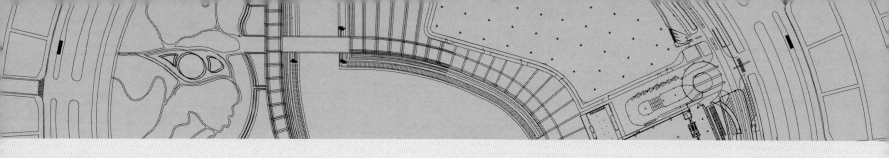

商业步行街
Commercial Pedestrian Street 4

嘉园商业步行街
Jiayuan Commercial Pedestrian Street

丹尼斯商业步行街
Dennis Commercial Pedestrian Street

宏远商业步行街
Hongyuan Commercial Pedestrian Street

新澳商业步行街
Xinao Commercial Pedestrian Street

嘉园商业步行街
Jiayuan Commercial Pedestrian Street

建设单位：嘉园房地产公司
地　　址：通泰路东商务东五街西
设计单位：黑川纪章建筑·都市设计事务所

总平面图

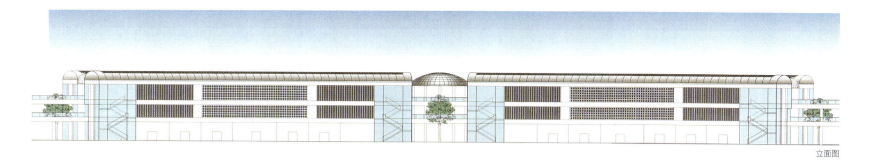

立面图

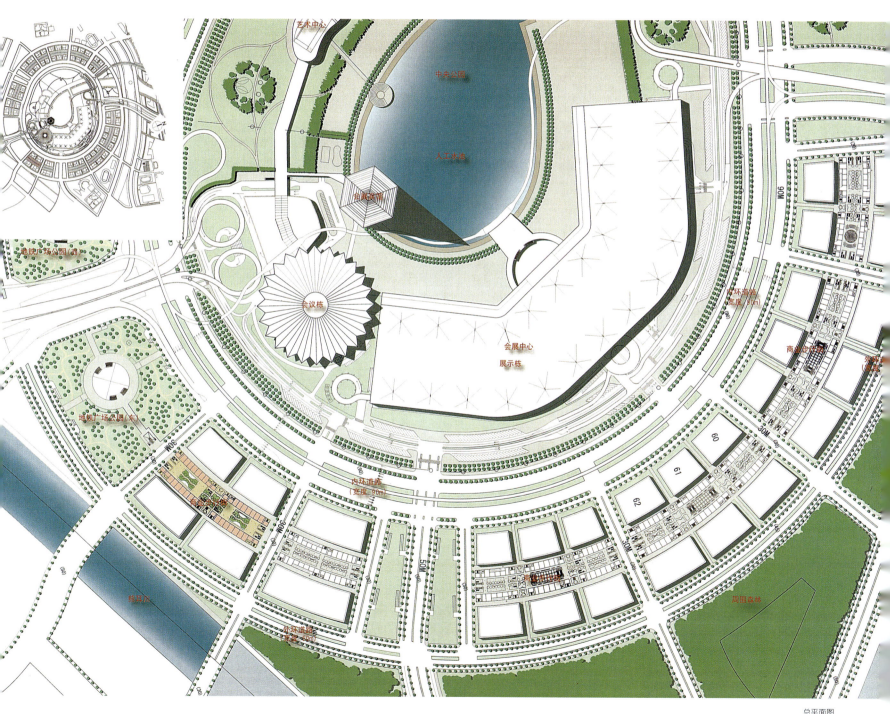

总平面图

郑东新区商务中心区
城市规划与建筑设计篇

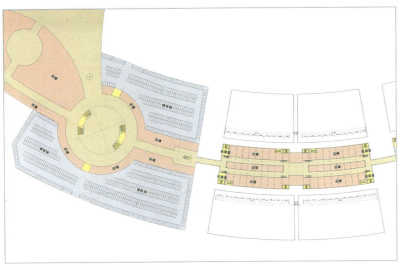

地下一层平面图

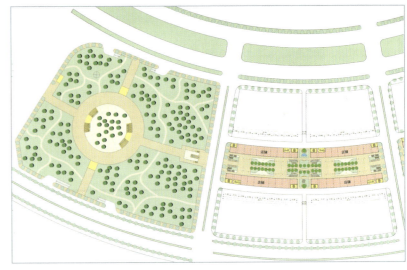

一层平面图

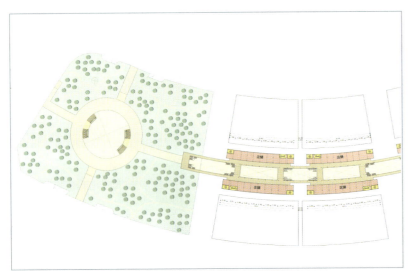

二层平面图

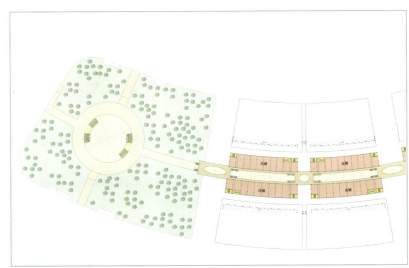

三层平面图

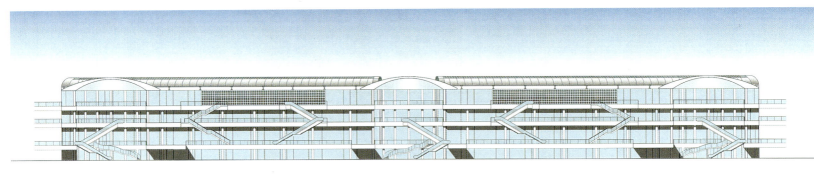

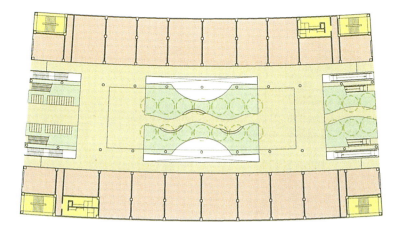

店铺划分模式一（小型）

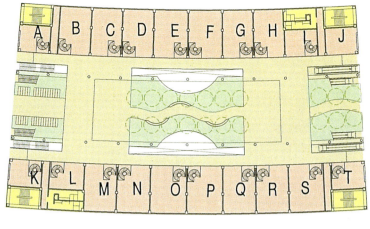

店铺划分模式二（跃层）

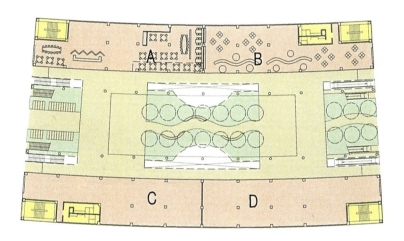

店铺划分模式三（跃层）

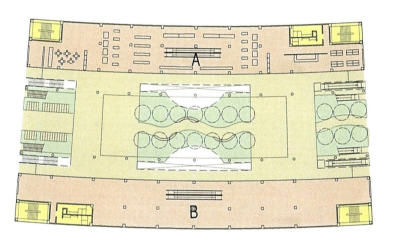

店铺划分模式四（大型）

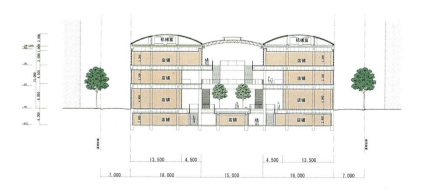

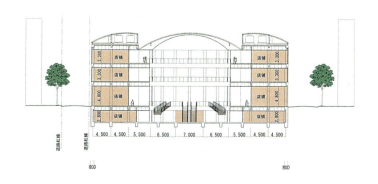

剖面图

郑东新区商务中心区
城市规划与建筑设计篇

商业步行街的内侧为高度80m的内环建筑，外侧为高度120m的外环建筑，商业步行街夹于其间，依照规划要求设计为高度15m的低层商铺，商业街的中央部分是15m宽的步行购物走廊和充满绿荫的细长公园。

商业街的立面处理在步行走廊部分设计成能够看到店铺立面的、敞开的玻璃墙，店铺部分除了玻璃墙还设置了格子、竖向百叶等形成半开放的店铺空间，可以根据店铺的性质随意选择，又可以赋予街道变化的景观。

在商铺栋与栋之间的地方由16根柱子支撑架设圆形屋顶，形成地下部分到三层跃动感强烈的竖井空间，有利于聚集人气、创造繁华热闹的商业气氛。

整个街区内部为步行专用，散布着休息广场、儿童戏水池、游乐设施等多种公园设施，开放型的地下空间通过12部自动扶梯与上部连接，二、三层的步道、路桥来往于整个街区，使购物者自下而上，从一个街区到另一个街区从容回旋，提高了购物者的移动效率，形成繁华的购物空间。

丹尼斯商业步行街
Dennis Commercial Pedestrian Street

建设单位：汉德房地产公司
地　　址：商务西一街以南、商务西八街以北
设计单位：台湾合契建筑设计有限公司

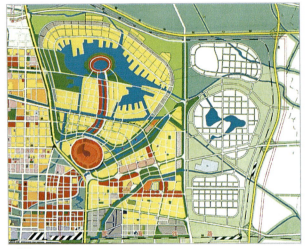
区位图

交通分析图1

交通分析图2

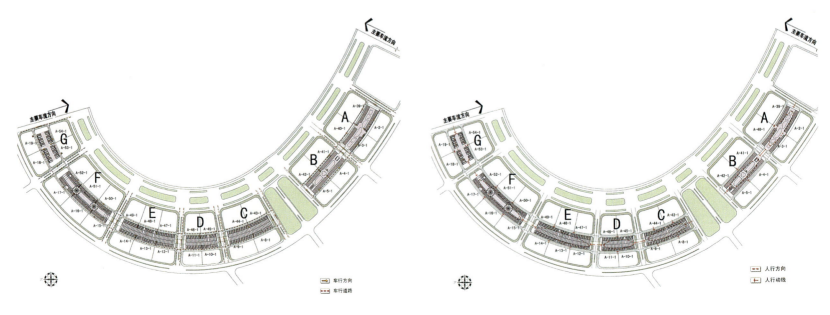

步行街交通分析图　　　　　　　　　　　　步行街人行分析图

空间构成上以直观的人行水平高低动线串联整合多层次的垂直空间配置，向心型的城市构成引领新的轴向观察视点。

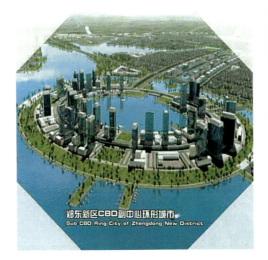

郑东新区CBD副中心环形城市
Sub CBD Ring City of Zhengdong New District

夜景照明效果图
the Nightscape Illuminance Effect Picture

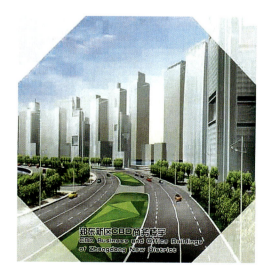

步行街内部有丰富的空间尺度变化，容纳多样性的商业设施和都市活动场所，以理性的外壳提供节能及有效的商业利用空间，并辅以大量的的绿化及橱窗。设计体现以人为本的原则，充分体现人文关怀，创造轻松、舒适、别具风格的休闲购物空间。

宏远商业步行街
Hongyuan Commercial Pedestrian Street

建设单位：宏远房地产公司
地　　址：九如路以南、商务东五街以北
设计单位：郑州大学综合设计研究院

1 工程概况

郑东新区CBD宏远商业步行街位于CBD商业步行街东段，介于CBD第二大街与CBD第七大街之间，总占地面积约为44.55亩，约2.98m²。地下一层、地上一至三层设计为商铺，地下二层为停车场及设备用房。

2 设计思想

本次规划方案是从规划、业主运营、物业管理方式等多个方面进行综合考量，以提升地块本身最大价值，创造全新商业模式为目的，在遵从郑东新区CBD规划导则的前提下，进行尝试与探索，以使项目本身能够符和时代的要求。

3 规划设计

城市肌理与建筑形态

采用"多层条状中心"规划方式。两组相对的线形建筑间设有一条重要的步行通道，成为来往购物活动的必经之地，成为地区购物中心的标准模式。

（1）可见性更强，从很远的距离就可以看到租户的标志；
（2）通过为线形的形态提供垂直的空间，建筑成为"地标"；
（3）能够获得更高的容积率；
（4）能够容纳多层的租户形态。

道路系统设计

严格按照设计导则，步行街外侧为机动车环路，相邻地块采用架空连廊的形式，底层满足消防车的通

行。建筑中部为商业步行街,实现真正意义上的"人车分流"。

绿化景观系统设计

在15m宽的商业步行街内,设置了5m宽的带形绿化、自动扶梯、休闲座椅、便民IC卡电话。由于相邻地块采用连廊的形式,这样整个绿化景观就很好地实现了连贯。

4 单体设计

在一个半封闭型的购物中心,入口应该具有显著的设计特色。我们通过改变材料及屋顶形态,延伸墙面,锯齿状墙面等来突出入口,并给它以突出的特征。

标志是零售商的血液,是购物中心色彩、活力和氛围的重要来源。统一的门头标志设计,不仅能使顾客清晰地识别,而且各个商铺之间也明显地区分开来。

一个精心设计的购物中心没有"最好的临界面"。我们通过底层架空的形式在相邻地块之间设置休闲购物共享空间。一方面可以将相邻地块有机地联系,同时也为核心商户提供举行产品展示的舞台。

5 空间与立面设计

按照"成败在交通"的核心理念,我们在商业街内部的合理位置布置了方便顾客的自动扶梯与垂直楼梯,在入口附近布置了方便货物运输的电梯。这些必要的设施可以成为吸引人的休闲设施。在扶梯下的空间安装座椅和种植草皮来形成有吸引力的休息区。自动扶梯、扶梯平台、地下空间、栏杆被设计成连贯的休闲设施,形成一个设计元素,而不仅仅是一种联系上下楼层的方式。在步行街的顶部,我们在合适的位置设置了采光天棚,保护顾客在恶劣的天气条件下进行购物。

在CBD这样的一个核心区域,建筑的外观与装饰材料对视觉形象和特殊识别性有着很大的帮助。产生的形象通过在选择细部上有品位的变化来实现的一种协调。

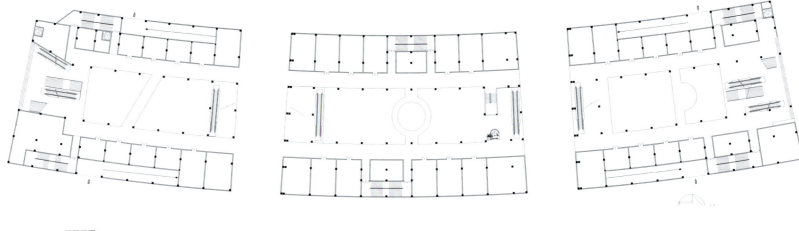

一层平面图

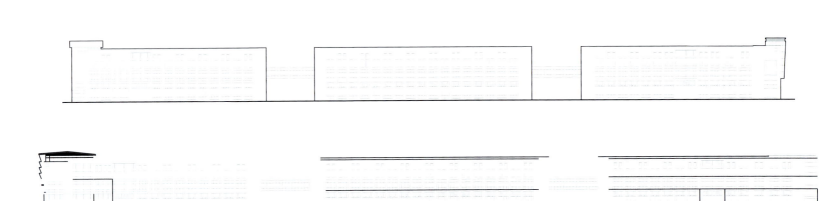

立面图

剖面图

平面位置示意图

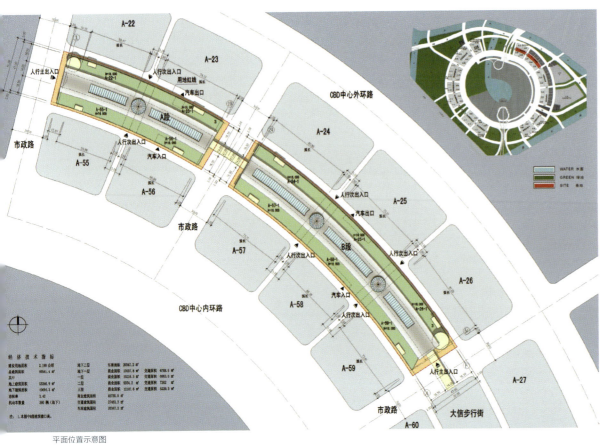

平面位置示意图

新澳商业步行街
Xinao Commercial Pedestrian Street

建设单位：新澳房地产公司
地　　址：通泰路东商务东五街西
设计单位：城市建筑研究院

1 概况

该项目位于郑州市郑东新区 CBD A-22-1 至 A-26-1，A-55-1 至 A-59-1 地块内，总占地面积约为 2.2hm²。南侧为 90m 宽的内环路，北侧为 40m 宽的外环路。

2 创作构思及商业定位

以景观意境为线索，遵循"以人为本"的原则，采用点、线、面成景的方式，参照所处位置及不同功能分割空间，营造一个多功能的、舒适的、人性化的、令人愉悦的购物娱乐，文化休闲的商业步行街。

整个地段被 30m 宽市政道路及人行路分割成 5 个区域，通过球形节点空间及连廊把 5 个区域连接为一个整体，形成在空间上有收有放、造型上连续统一的商业建筑。屋顶的带状玻璃采光顶形成天河的景观效果，同时成为连接 5 个区域的重要元素。

个区域分别赋予不同的商业定位，给购物者提供不同的购物享受和休闲体验。主题突出，增强购物者的方位领域感。同时在整个购物区通过休闲空间氛围的营造，创造出舒适的购物节奏。

3 出入口设置及道路交通

在整个区域的西侧及东侧设置商业步行街的人流主入口，中间分隔各段的人行路上设置人流的次入口。

在内外环建筑与该地段相邻的弧形道路上设置车行线路，商业步行街地下二层的车库出入口以及进货出货的车行线路也设置在这条道路上。实现人车分流、客货分流。人在商业街的购物会感觉安全，真正营造一个休闲、自由徜徉的街道环境。

4 平面功能布局

根据郑州市郑东新区 CBD 地区建筑环境设计导则，将地下二层设为停车库，货梯直达地下二层，部分货物从地下二层货梯运送到各层商业店铺及餐饮。商场内及餐饮的污物也从地下二层运出，保证了地面环境的清洁及美观。

地下一层为中小型超市及商业店铺，一层及二层为商业店铺。一层步行街中部为曲线形天井，增强了步行街的情趣感，具有很好的引导性，同时在地下一

层相应位置设置绿化、景观、休闲座椅、建筑小品以及小型开放式商业网点，促进购物者的视觉互动及景观共享，创造一个有活力的开放式的购物环境，最大化地发挥地下一层的商业价值。

三层为环境优雅的美食街，这里云集各地的风味美食及国内各菜系餐厅。甜品店、水果吧等特色店铺使顾客无论是美食饕餮，还是清雅小聚，都能找到相宜的地方。结合屋顶绿化的休闲景观平台可以作为三层餐饮的室外休闲场地，形成室内外交融的用餐环境，陶冶消费者性情。

屋顶绿化不仅可以实现生态设计的理念，同时为周围的住户提供良好的景观效果，增强外界的视觉互动，吸引更多的购物人群。

屋顶的玻璃采光顶由于与天井的位置相对应，使得玻璃顶面积最小化，却创造出步行商业街内自然采光最大化的效果，同时节约了辅助照明的能源。

空间效果

景观节点即一定区域中有特点的空间形式，结合步行街的特点，设置球形节点，作为步行街的中心、高潮，为其带来特色与活力。球形节点空间是空间序列的开放处，同时也是交流空间的集中处，此处可进行产品的宣传展示，增加人与人的互动，提升商业氛围。

地下一层的绿化景观带、一层的连廊、二层三层的天桥、疏散楼梯、自动扶梯、观景电梯、立体的绿化以及广告展示，形成互动、共融的立体式空间景观效果，创造出丰富、宜人的购物环境。

立面效果

外侧沿街立面追求简洁大方，用石材与玻璃之间的对比凸显现代感，注重细节与层次精美设计，体现商场品位。设置适当的LOGO及广告牌位置则着重营造商业氛围。

步行街内立面采用铝板、钢、玻璃等现代材料。商业店铺内的商品，以及购物者购物的情景通过玻璃展现出来，既增强了视觉的互动，同时也起到了广告宣传的作用。

景观意向

商业街的景观环境设计力图营造一种自然、轻松、生态、环保的购物休闲空间。在地下一层步行街内在与一层天井相对应的区域进行景观绿化设计，种植姿态美丽，色彩丰富的树木花草，周围设置休息座椅和服务设施，同时结合地上一、二、三层的垂直绿化营造出一个公园般的购物环境。三层顶部的屋顶花园内设置露天休息茶座，在喧嚣的城市当中营造一片宁静休闲的空中绿岛，同时也为周围的高层建筑提供美丽的绿色视线景观点。

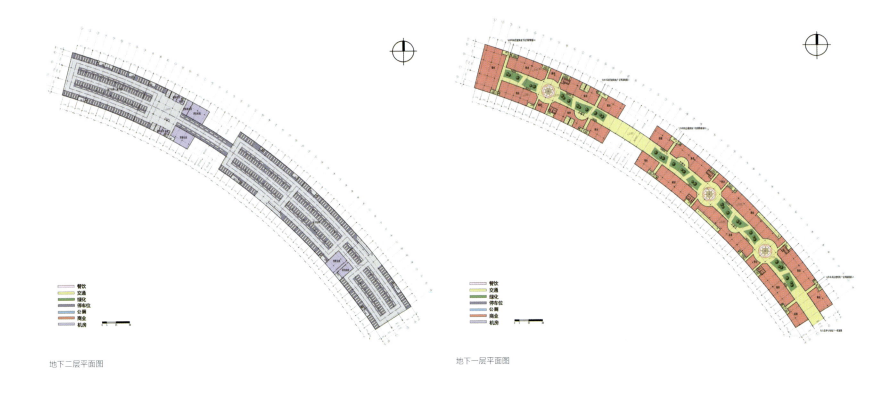

地下二层平面图　　　　　　　　　　　　　地下一层平面图

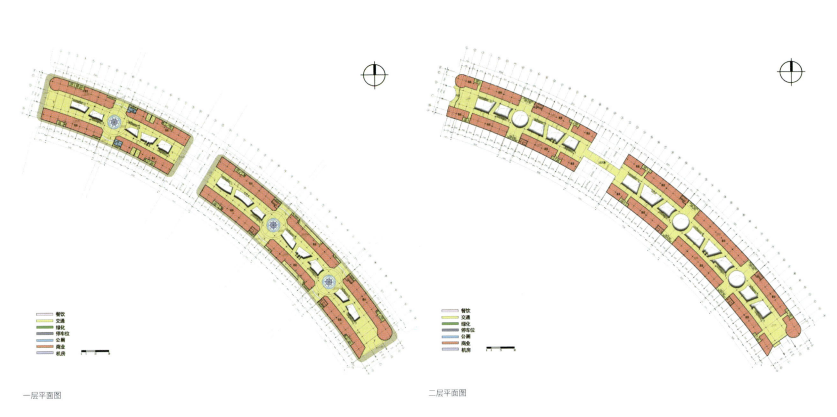

一层平面图　　　　　　　　　　　　　　　二层平面图

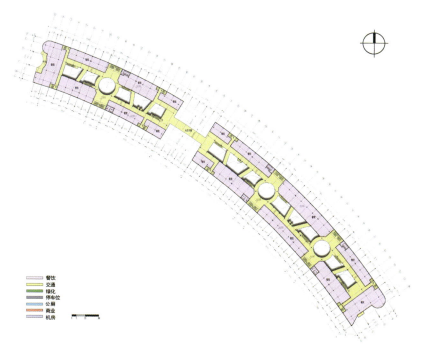

三层平面图

剖面图2

立面图

剖面图1

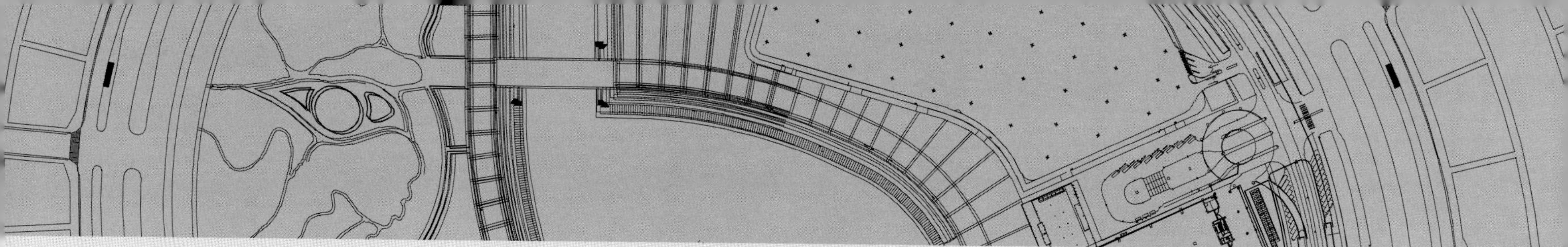

居住建筑
Residential Buildings 5

五行嘉园
Five Elements Garden

伟业财智广场
Albert Chan Choi Plaza

龙湖大厦
Longhu Building

金成东方国际
Jincheng Oriental International

金成阳光世纪花园
Jincheng Sunshine Century Garden

宏光奥林匹克花园
Hongguang Olympic Garden

海逸名门
Haiyimingmen Tower

未来高层商住楼
Future High-rise Commerce-Rseidence Building

郑东新区宏远商住楼
Hongyuan Commerce-Residence Building in Zhengdong New District

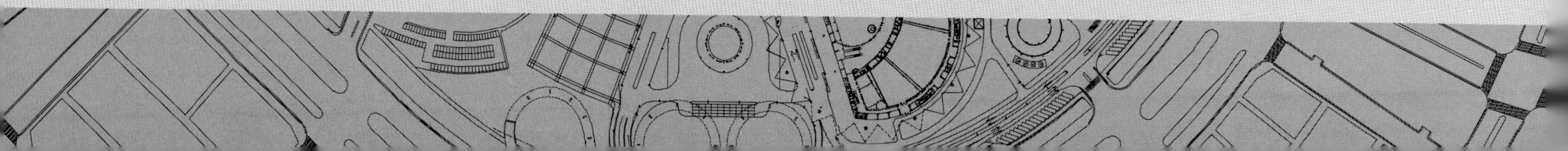

五行嘉园
Five Elements Garden

建设单位：郑州金东房地产开发部
地　　址：CBD内环路以西　商务西七街以北
设计单位：郑州工业大学设计研究院
　　　　　机械部第六设计研究院
　　　　　河南省建筑设计研究院
设计人员：王家俊、崔喜斌、马红玉、苏源、高树才、刘玉香
施工单位：中国中江国际技术有限公司
　　　　　中建八局
　　　　　河南新甫建设集团
用地面积：22313m²
建筑面积：135730m²
建设规模：地上23层，地下2层，裙房2层
主要用途：商住
设计时间：2003年6月29日
竣工时间：2006年12月

　　方案规划设计贯彻生态原则、文化原则和效益原则，力求创造一个具有优雅环境、文化内涵、经济效益和鲜明个性的花园式生活居住空间。强调居住空间自由式布局，点、线、面结合的绿地布局，建筑和环境相融合的布局，使整个小区如一卷叙事性绘画，富于韵律而统一。在具体的环境规划设计中，着重以建筑部分为基础，以小区"绿化庭园"为中心，强调点线面多样空间形式的组合，每块绿地均有一个富有特色的绿化环境，形成具有文化底蕴的祥和自然的意境。

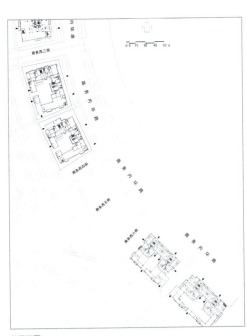

总平面图

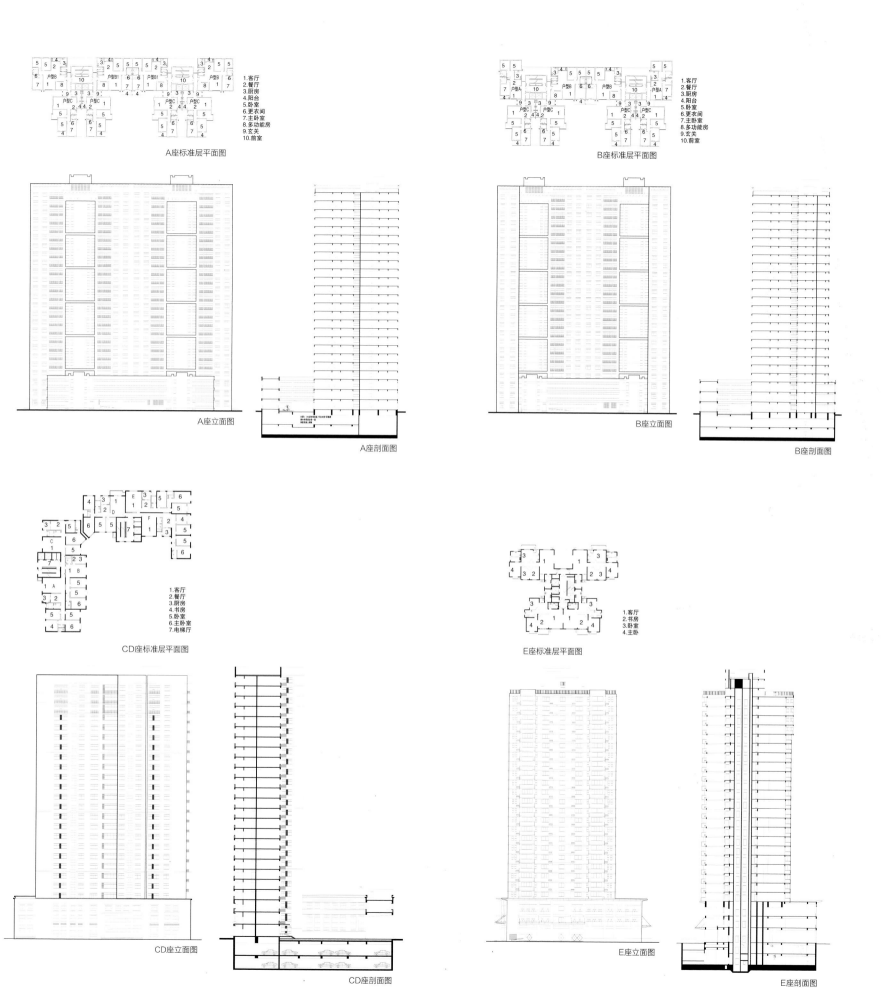

伟业财智广场
Albert Chan Choi Plaza

建设单位：伟业投资建设有限公司
地　　址：CBD内环路以西，商务西二街以南
设计单位：核工业第五设计研究院
施工单位：林州市建筑工程九公司
用地面积：3193m²
建筑面积：23680m²
建设规模：地上26层，地下2层
设计时间：2003年5月
竣工时间：2004年12月

本项目为高层单元式商住办公楼，由一栋高层塔楼及3层裙房组成，地下室为2层，主楼26层。项目建筑选型以现代风格为主，立面水平及竖直线条交错，立面建筑挺拔耸立，色彩明快，注重细部处理，裙楼采用石材贴面，变化丰富的塔楼楼顶及现代感极强的天际线，使现代建筑风格中透出些许典雅高贵的商业建筑气息。商务商业出入口及车行出入口科学的分离设置，使整个布局做到闹静分离，人车分离，合理有序，互不干扰。

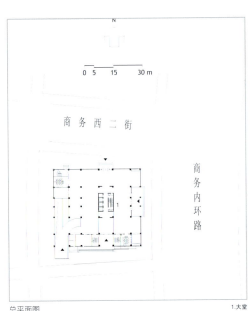

总平面图　　　　　　　　1.大堂

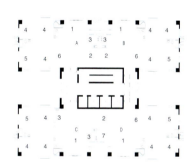

1. 客厅
2. 餐厅
3. 厨房
4. 卧室
5. 主卧室
6. 储藏间
7. 工人间

标准层平面图

立面图

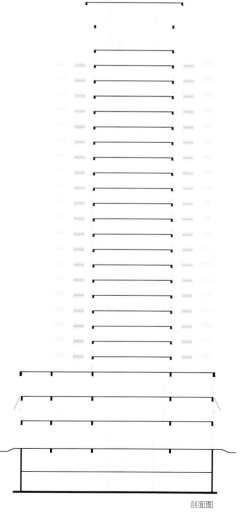

剖面图

龙湖大厦
Longhu Building

建设单位：河南大地房地产开发有限公司
地　　址：CBD 内环路以西　商务西二街以北
设计单位：郑州大学综合设计研究院
用地面积：总占地面积 3613.9m²
建筑面积：总建筑面积 27517m²
建设规模：地上 29 层，地下 2 层
设计时间：2003 年 6 月
竣工时间：2005 年 12 月
施工单位：郑州市建龙建筑安装装饰工程有限公司

　　本项目为集商业娱乐、办公于一体的综合性高档写字楼，由一栋高层塔楼及 4 层裙房组成，地下室为 2 层，主楼 29 层，建筑高度为 120m。该方案外部空间丰富，既能照顾到城市道路不同来向的景观视觉要求，又使标准层主要房间具有较好的南北朝向。同时在立面造型上着力通过简洁的形体和细部处理充分体现现代建筑的风格，强调与周边环境建筑的相互协调。裙房和主楼的立面采用不同的构思，减轻了建筑体的体积和压迫感，群房外墙以天然石材为主，入口处采用玻璃幕墙，将开窗与商业广告布置有机的结合。

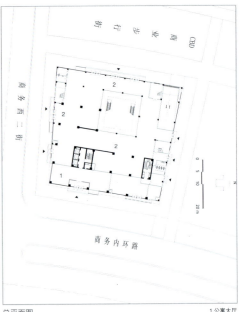

总平面图

1.公寓大厅
2.商场

立面图

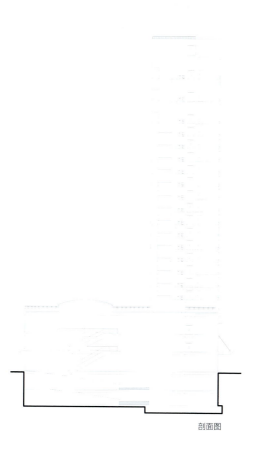

剖面图

效果图

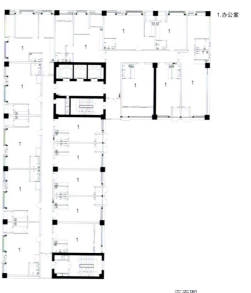

平面图

金成东方国际
Jincheng Oriental International

建设单位：郑州金成房地产有限公司
建设地点：商务内环路以西，商务西二街以北
设计单位：郑州市建筑设计院
施工单位：河南省第二建筑有限公司
用地面积：4193.0m²
建筑规模：地上24层，地下2层
主要用途：商住
建筑面积：69217.6m²
设计时间：2003年7月
竣工时间：2005年7月

金成东方国际大厦位于郑东新区CBD的中心内环地带，定位于办公楼，总建筑面积69217m²，建筑高度80m，共计240单元，停车位235个。

立面设计共计26层，其中地下2层，地上24层。地下2层两块地相连，做地下停车库及设备用房。地上一、二、三层为主楼裙房，用于商业及配套设施；四层为架空层，为屋顶花园及会所；五层至二十四层为高层办公。

建筑造型上，以2个对称直角三角形作为主楼造型，主楼形成一个带有2个门洞的厚重的直角三角形体块。在设计过程中，为了寻求更为单纯的形式要素，将长方形体块叠加而成。一方面更为清晰地勾勒出主楼轮廓线，另一方面表达了长方形在不同尺度上的相生关系。裙房与主楼一样，采用比例适中的线条构图，手法简约现代。

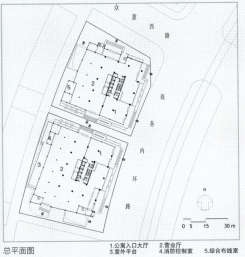

总平面图
1.公寓入口大厅 2.营业厅 3.室外平台 4.消防控制室 5.综合布线室

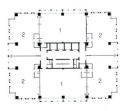

标准层平面图　　1.户型A　2.户型B

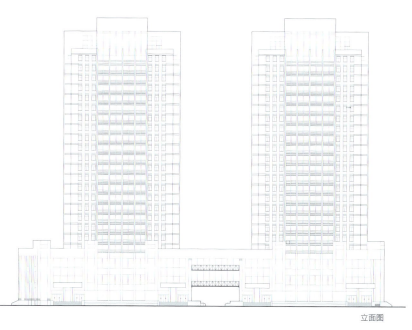

立面图

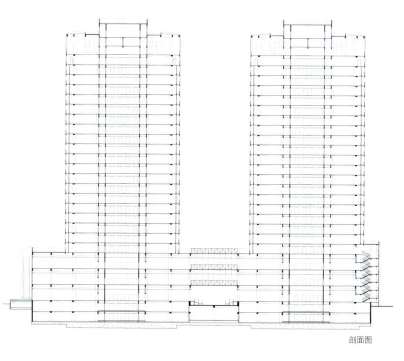

剖面图

金成阳光世纪花园
Jincheng Sunshine Century Garden

建设单位：郑州金成房地产有限公司
建设地点：商务内环路以东，商务东三街以北
设计单位：郑州市建筑设计院
施工单位：中铁五局（集团）有限公司
用地面积：6704m^2
建筑面积：71880.5m^2
建筑规模：地上24层，地下2层
主要用途：高层住宅
设计时间：2003年7月
竣工时间：2005年7月

　　金成阳光花园位于郑东新区CBD的A-57、A-58、A-59地块。总用地面积13561m^2，总建筑面积111776m^2，其中地上建筑面积90850m^2，地下建筑面积20926m^2，建筑高度80m，停车位496个。

　　立面设计共计26层。地下2层3块地相连，做地下停车库及设备用房。地上一、二、三层为主楼裙房，用于商业及配套设施；四层为空中花园及绿化；五层至二十六层为标准层高层住宅。根据北方气候特点与城市居民的生活习惯，每套住宅都具有良好的朝向、通风和最佳景观视线。立面及空间设计上，运用简洁有力的形体，塑造现代高效并具有时代气息的个性化楼盘，空间设计力求简洁、明快、新颖，体现独特个性。

　　整个建筑物采用雅白色的主基调，不做过多的琐碎的装饰处理，采用高档石材及纯净的玻璃，使整体建筑干净有序，尤其在天空云影的映照下，升华了对建筑体型的艺术表现力。

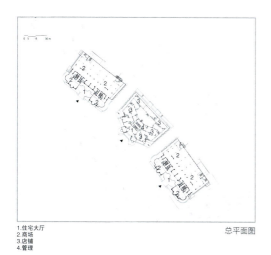

1.住宅大厅
2.商场
3.店铺
4.管理

总平面图

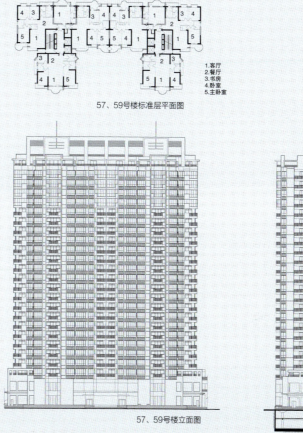

1.客厅
2.餐厅
3.书房
4.卧室
5.主卧室

57、59号楼标准层平面图

57、59号楼立面图

57、59号楼剖面图

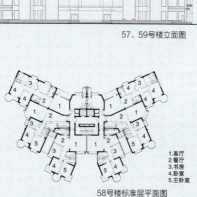

1.客厅
2.餐厅
3.书房
4.卧室
5.主卧室

58号楼标准层平面图

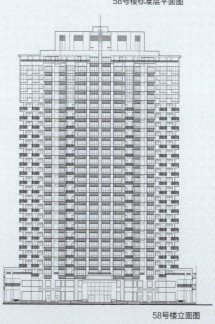

58号楼立面图

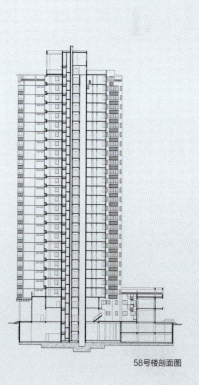

58号楼剖面图

郑东新区商务中心区
城市规划与建筑设计篇 | **173**

宏光奥林匹克花园
Hongguang Olympic Garden

建设单位：河南宏光奥林匹克置业有限公司
建设地点：商务内环路以北，众意路以西
设计单位：郑州大学综合设计研究院
施工单位：河南省第一建筑工程有限公司
用地面积：7401.1m²
建筑面积：75243.3m²
建筑规模：地上23层，地下2层
建设用途：高层住宅
设计时间：2003年5月
竣工时间：2005年6月

宏光奥林匹克花园包括C、D、E三座项目，位于郑东新区CBD的A-50、A-51、A-52地块。总用地面积11566m²，总建筑面积71478m²，其中住宅建筑面积58242m²，商业配套面积13236m²，建筑高度80m，停车位352个。

立面设计共计25层。地下2层，地上23层。地下2层三块地相连，做地下停车库及设备用房。地上一、二、三层为主楼裙房，用于商业及配套设施；四层为空中花园及绿化；五层至二十五层为标准层高层住宅。根据北方气候特点与城市居民的生活习惯，每套住宅都具有良好的朝向、通风和最佳景观视线。立面及空间设计上，运用丰富的形态和明亮的色彩，塑造了住宅运动、时尚、充满阳光气息的个性。上部为浅色面砖，下部材料为花岗石，配以精致的构架、广告，渲染了多彩的商业氛围。

建筑造型构思上，采用实墙点窗的形式，窗墙面积比合理，有利于建筑节能。建筑在给排水、供配电、燃气、空调、信息通讯、办公自动化等方面进行统一的设计，因地制宜地充分把握基地特点，重视3栋住宅楼的风格和谐，确定建筑群体的可识别性。

总平面图

1. 大堂
2. 入口大堂
3. 住宅大堂
4. 商业用房
5. 商业步行街
6. 精品店
7. 物业管理
8. 骑廊上空
9. 花坛
10. 消防中心

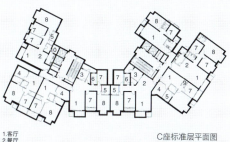

C座标准层平面图

1. 客厅
2. 餐厅
3. 厨房
4. 书房
5. 主卫
6. 卫生间
7. 卧室
8. 主卧室
9. 储藏室
10. 阳台

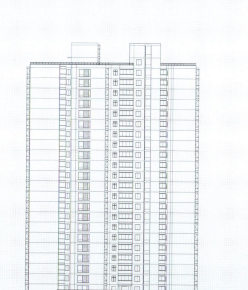

C座立面图

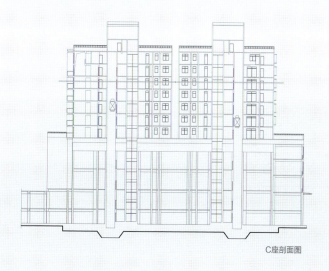

C座剖面图

D座标准层平面图

1.客厅
2.餐厅
3.卧室
4.主卧室

D座立面图

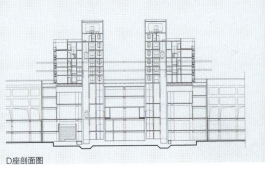

D座剖面图

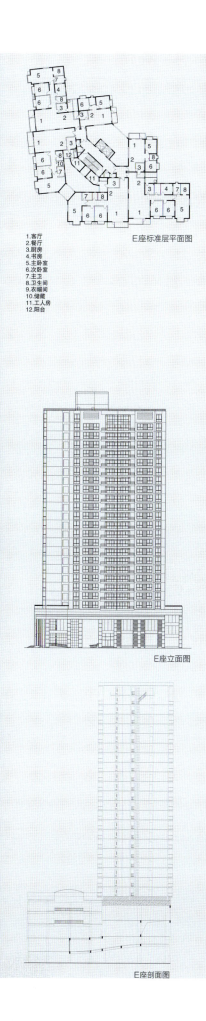

1. 客厅
2. 餐厅
3. 厨房
4. 书房
5. 主卧室
6. 次卧室
7. 主卫
8. 卫生间
9. 衣帽间
10. 储藏
11. 工人房
12. 阳台

E座标准层平面图

E座立面图

E座剖面图

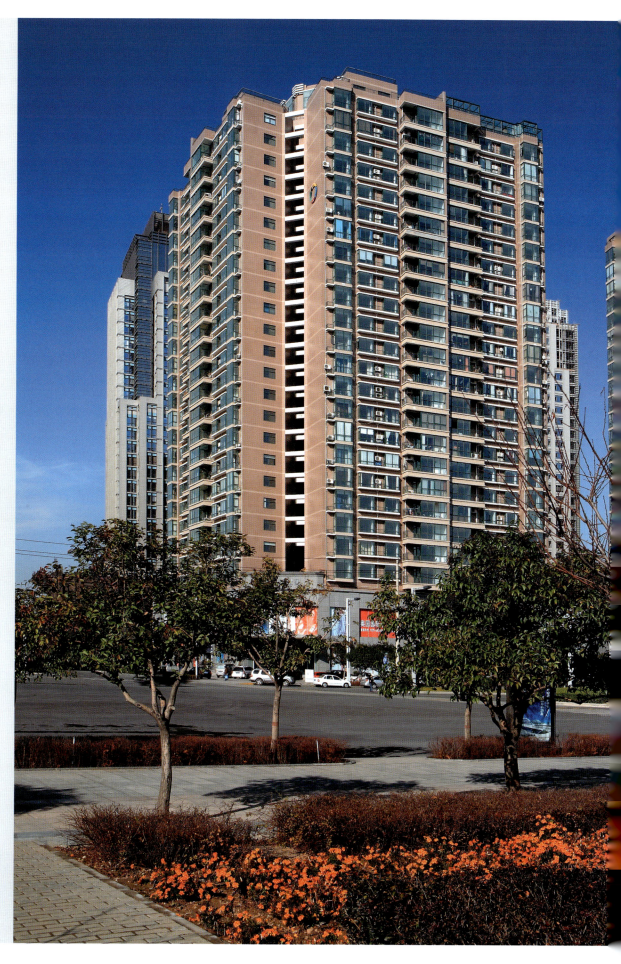

海逸名门
Haiyimingmen Tower

建设单位：河南广裕置业有限公司
地　　址：商务外环以东，九如东路以北
设计单位：中国联合工程公司
监理单位：上海建通工程建设有限公司
施工单位：河南省对外建设有限公司
　　　　　浙江耀江建设集团股份有限公司
用地面积：13590m²
建筑面积：地上85844.7m²，地下10883m²
建设规模：地上25层，地下1层
主要用途：住宅
设计时间：2004年11月
竣工时间：2006年5月

　　本设计包括A-60、A-61、A-62三块地块的A座、B座和C座3栋高层建筑，其中A座和C座为板式高层，B座为点式高层，均为地下1层，地上25层，其中地上裙房一至三层是商业用房及配套用房，四至二十五层为住宅，建筑高度为80m。A、B、C3座楼即相互独立，同时又通过3层的商业裙房相联系，相辅相成，统一成和谐的整体建筑群体。每套户型结合不同的朝向及外部景观要求做具体的设计，设计中充分考虑户内的动静分区，以达到每户住宅的均好性。

　　在小区空间与景观设计上，A、C两座板式高层住宅基本南北朝向利于采光通风，功能上便于住宅的有利朝向和建筑的节能设计，在视觉效果上整体通透；中间的点式高层稳重大方、主楼造型活泼，给人以简洁、明快的感受，起到中心的主导地位。本设计以内环的会展中心为景观的中心地位，使每户住宅均有好的景观面。

　　在建筑造型上，本建筑方案充分考虑了自身与地块周边城市规划的关系，体量简洁明快，整体感强，使整个建筑物看上去轻盈飘逸，具有较强的现代感，并与周边建筑有一个很好的协调。沿内环路的立面上整体的横向组合，使整个建筑群融入郑东新区的总体规划群体中，并能成为该地段的亮点。

1. 住宅大堂
2. 门厅
3. 大堂
4. 前室
5. 商铺
6. 商业用房

总平面图

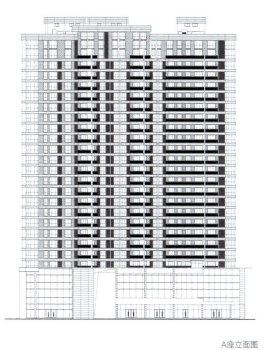

A座立面图

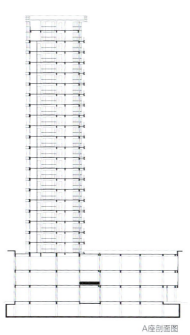

A座剖面图

1. 客厅
2. 餐厅
3. 卧室
4. 主卧

A座标准层平面图

郑东新区商务中心区 | **179**
城市规划与建筑设计篇

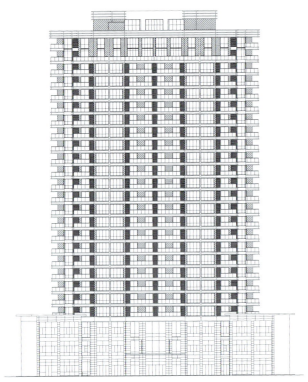
B座立面图

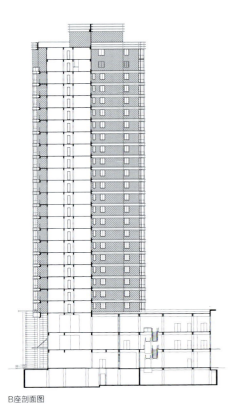
B座剖面图

B座标准层平面图

1.前室
2.客厅
3.餐厅
4.卧室
5.主卧

1.客厅
2.餐厅
3.卧室
4.储藏
5.阳台

C座标准层平面图

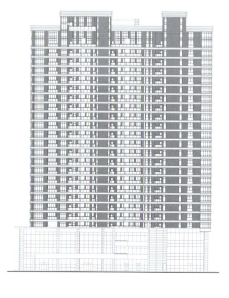

C座立面图

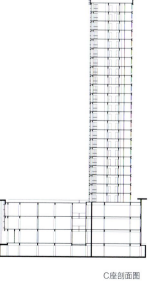

C座剖面图

未来高层商住楼
Future High-rise Commercial-Residential Building

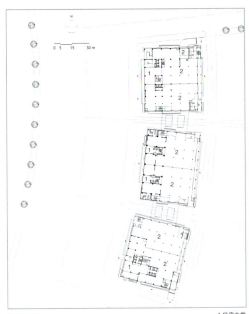

建设单位：郑州未来房地产开发有限公司
地　　址：商务内环以东，商务东三街以北
设计单位：煤炭工业部郑州设计研究院
监理单位：洛阳金诚建设监理有限公司
施工单位：中色科技股份有限公司
用地面积：12221.47m²
建筑面积：地上73716.45m²，地下19252.72 m²
建设规模：地上22层，地下2层
主要用途：住宅
设计时间：2003年12月
竣工时间：2005年7月

总平面图　　1.住宅大堂　2.商务办公

该项目包括A-63、A-64、A-65三个地块，63及65三层裙房为商业营业厅；64四层裙房，一至三层为商业营业厅，四层为会所，局部后退，以上主体部分则为商住楼。

住宅设计上注重解决朝向、通风问题，商住楼并非传统意义的纯住宅楼，所以主要楼体朝向CBD中心区，63主体呈"["形，65主体呈"L"形，端部形成部分朝向好的房间，东西向的房间则采取必要措施解决问题。

项目总体布局采用3个建筑错动平行排列的方法，整体上呈半围合趋势，形成城市的向心空间。

环境设计上，该项目以CBD为中心，向外辐射，建筑本身体现向心性和对周围建筑的尊重和交流。四层是连通大平台，尽作屋顶绿化以呼应龙湖之悦人景致的中心地位，形成良好的景观朝向，开阔的视野，使人赏心悦目。

立面造型上，强调建筑深度感、广度感、雕塑感、刚性肌理美。由于功能需要，解决窗的西晒问题，3层塑铝板出挑玻璃400mm，竖向上又加上双排立柱，纤细的网格形式，玻璃与金属质感的强烈对比，现代感十足，衬出玻璃体的晶莹剔透、高贵典雅。由于楼房本身结构的、功能的需要突出了两片薄墙，打破了原来纯方格间的简单重复的韵律，不致于很呆板。整个玻璃体与楼的体块穿插亦十分丰富，与实体墙形成鲜明对比，重复的横梁插入玻璃体中，合乎人们日常力学视觉，显得有力度。裙房部分则通过3层平面的连接，以强调城市间延伸、扩展性，使城市空间与建筑群体形成良好的互动性。细部的处理手法与主体的手法不尽相同，但如同出一辙，采取横与竖、虚与实的对比，比例精细，由零趋整，立面浑然一体，体现大都市的气魄。

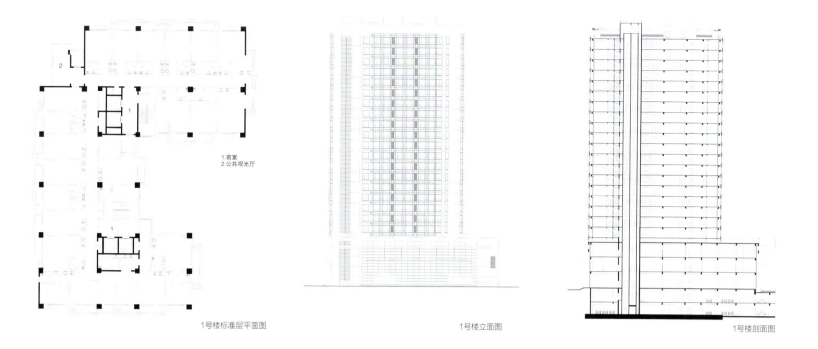

1.前室
2.公共观光厅

1号楼标准层平面图 1号楼立面图 1号楼剖面图

2号楼标准层平面图

1. 客厅
2. 餐厅
3. 厨房
4. 书房
5. 卧室
6. 客卧
7. 主卧室
8. 前厅
9. 前花园

2号楼立面图

2号楼剖面图

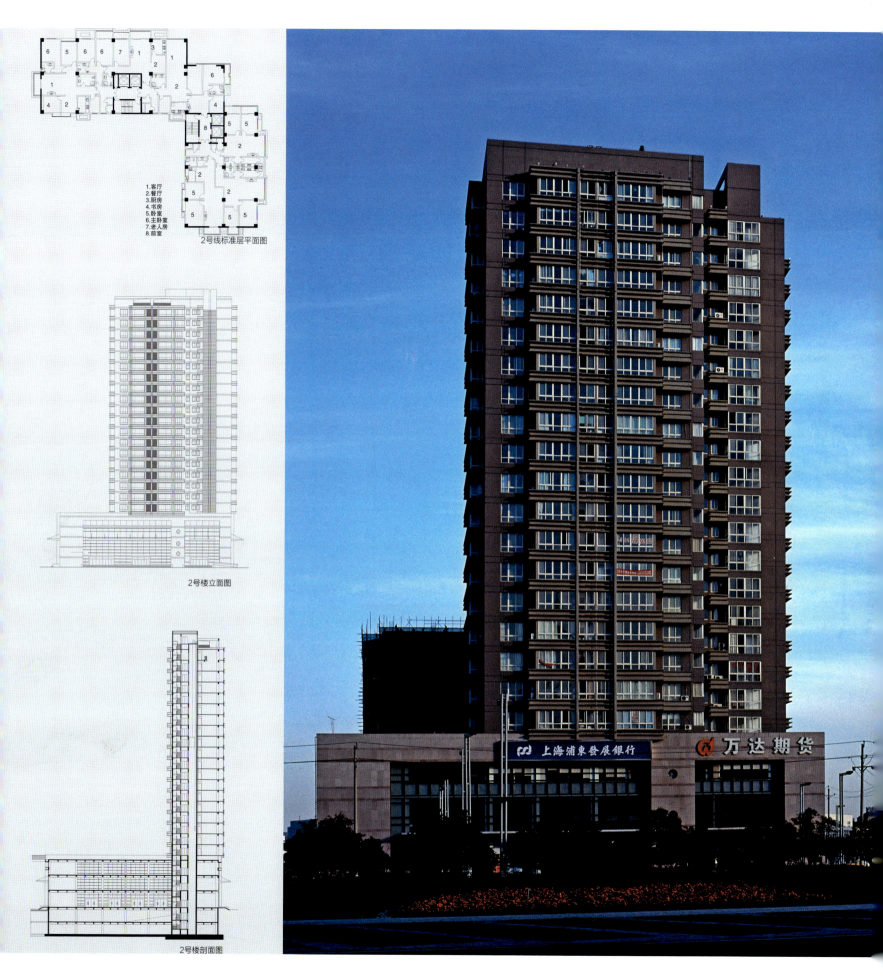

郑东新区宏远商住楼
Hongyuan Commercial-Residential Building in Zhengdong New District

建设单位：宏远房地产有限公司
地　　址：商务内环路以东，商务东四街以南
设计单位：郑州大学综合设计院
施工单位：河南新浦建筑工程有限公司
用地面积：7078.39m²
建筑面积：57605 m²
主要用途：商住
设计时间：2003 年 5 月
竣工时间：2005 年 3 月

中储粮大厦位于 CBD 内环东三街与东四街交汇处。主要功能定位为商住两用，3 栋塔楼组成，其中一至三层为商铺，中间单元为商务办公，两侧为住宅。本建筑为中式建筑风格，外立面采用花岗石墙面，中式的大弧形窗设计，以获取更多的自然采光。

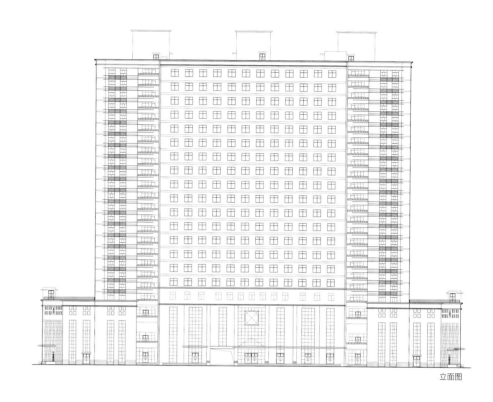

立面图

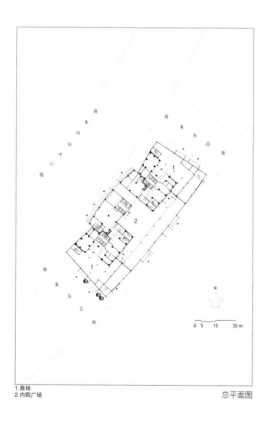

1.商场
2.内院广场

总平面图

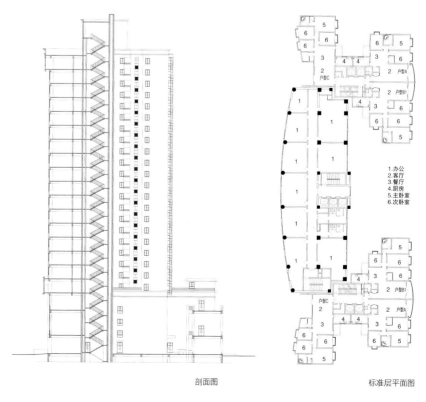

1.办公
2.客厅
3.餐厅
4.厨房
5.主卧室
6.次卧室

剖面图　　标准层平面图

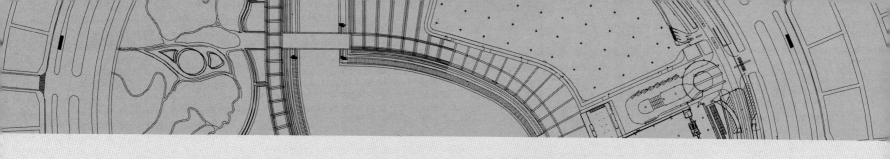

商务办公建筑
Business Office Buildings [6]

宏光奥园广场
Hongguang Olympic Plaza

蓝码大厦
Lanma Tower

光彩大厦
Guangcai Tower

嘉亿国际商务中心
Jiayi International Business Centre

河南国际商会大厦
Henan International Chamber of Commerce Tower

国龙大厦
Guolong Tower

立基·上东国际
Robert Black, East International

中烟大厦
Zhongyan Tower

汇锦中油大厦
Huijin CNPC Tower

兆丰中油大厦
Zhaofeng CNPC Tower

绿地世纪大厦
Greenland Century Tower

绿地·峰会天下
Greenland · World Summit

第一国际
First International

温哥华大厦
Vancouver Tower

众合环宇国际大厦
Zhonghe Universal International Tower

郑州市广播电视中心
Zhengzhou City Radio and Television Center

世贸大厦
World Trade Tower

中国农业银行河南分行
Agricultural Bank of China Henan Branch

意大利·国际大厦
Italy · International Tower

众合环宇国际大厦
Zhonghe Universal International Tower

郑州市广播电视中心
Zhengzhou City Radio and Television Centre

世贸大厦
World Trade Tower

景峰国际中心
Jingfeng International Centre

王鼎国际大厦
Wangding International Tower

郑州市商业银行大厦
Zhengzhou Commerce Bank Tower

中华大厦
Zhonghua Tower

郑东金融大厦
Zhengdong Financial Tower

郑州海联国际交流中心大厦
Zhengzhou Hailian International Exchange Centre

福晟大厦
Fusheng Tower

房地产大厦
Real Estate Tower

河南移动通信郑州分公司郑东新区生产楼
Manufacturing Building of Zhengzhou Branch,
Henan Mobile Communications

国泰财富中心
Cathay Pacific Wealth Centre

宏光奥园广场
Hongguang Olympic Square

建设单位：河南宏光奥林匹克置业有限公司
建设地点：商务内环路以北，众意路以东
设计单位：机械工业第六设计研究院
施工单位：中建三局二公司
用地面积：5660m^2
建筑面积：47476m^2
建筑规模：地上22层，地下2层
主要用途：商业写字楼
设计时间：2003年7月
竣工时间：2005年6月

宏光奥园广场位于郑东新区CBD的A-53、A-54地块。总占地约5660m^2，总建筑面积47476m^2，建筑高度80m，停车位172个。

立面设计共计24层。地下二层2块地相连，做地下停车库及设备用房。地上一、二、三层为主楼裙房，用于商业及配套设施；四层为空中花园及绿化；五层至二十二层为标准层办公用房。在外墙的构造处理上：在主楼的南立面通过最新镀陶丝工艺处理的玻璃运用，大大减少了热量的传播；而主楼立面又采用较密集的竖向玻璃条，密集的竖向构图加强了南立面的整体感觉，更是在视线效果上增加了大楼的挺拔感。

在大厦的建筑造型构思上，从厚重的裙房到轻盈的玻璃、铝合金主体；从底部的水平构图到挺拔高耸的主楼处理，均产生强烈的视觉对比，给人以过目难忘的震撼。大厦远远望去如同从自然石中层层剥出的紫晶宝石，在顶部斜向嵌入的玻璃体，无论白天黑夜都闪烁着光芒，以体现高科技特性，视觉上带有强烈的雕塑感。

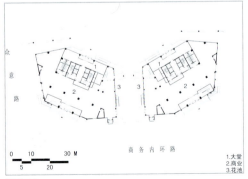

总平面图

1. 办公
2. 阳台

标准层平面图

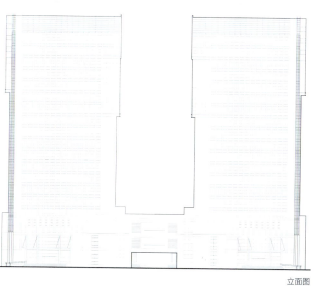

立面图

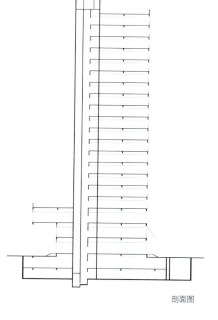

剖面图

蓝码大厦
Lanma Tower

建设单位：郑州歌亿房地产开发有限公司
地　　址：商务外环路以北，商务西八街以西
设计单位：北京金田建筑设计有限公司
监理单位：上海市建筑科学研究院建设工程咨询监理部
施工单位：中国建筑第八工程局
用地面积：5710.848m^2
建筑面积：57610m^2
　　　　　（地上46030m^2；地下11580m^2）
建设规模：地上30层，地下3层
主要用途：办公
设计时间：2003年9月
竣工时间：2005年11月

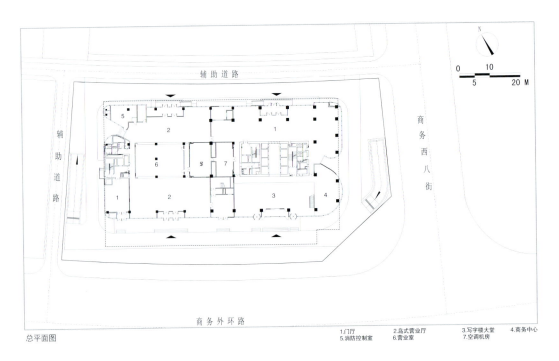

总平面图
1.门厅　　2.岛式营业厅　　3.写字楼大堂　　4.商务中心
5.消防控制室　6.营业室　　7.空调机房

建筑主体位于地块东段，高约120m，共30层，主要为出租商用写字楼。西端是6层的裙房，主要功能是金融保险机构的营业大厅及会所，裙房屋顶是屋顶花园，结合公共环境设计，形成空中花园。地下3层为建筑机房和地下停车库，并结合人防设计要求设置人防用房。

本方案采用简单而新颖的几何形体切割方法，对矩形进行对角线切割，并加以圆角设计，形成比较明确的建筑形体线条，整体突出大气的感觉，强化远观的地标性。并且这种设计基本保持了建筑平面是矩形，从结构受力、抗震性能以及国内施工等方面都有比较好的考虑。在细部层次上则采用新型工艺，利用钢结构构造细部节点来形成近观的层次，使得建筑整体精练而细部丰富，富有层次感。

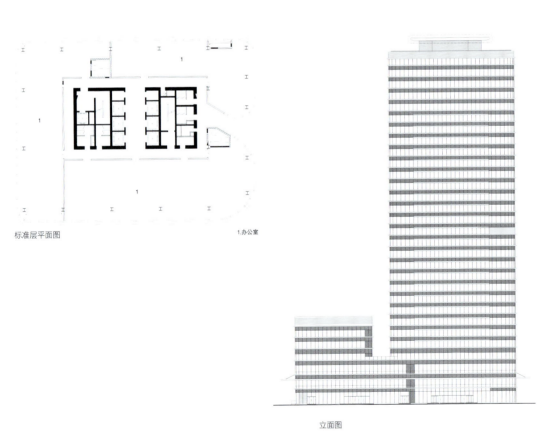
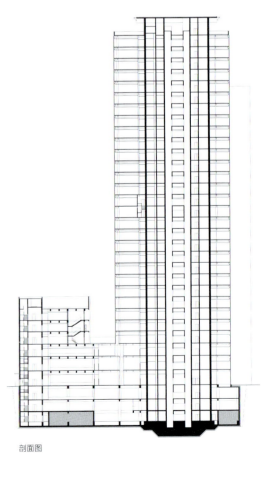

标准层平面图　　1.办公室

立面图

剖面图

光彩大厦
Guangcai Tower

建设单位：河南光彩投资有限公司
地　　址：商务外环路以南，商务西八街以西
设计单位：机械工业第六设计研究院
施工单位：中国建筑第七工程局第一建筑公司
用地面积：4936.0m²
建筑面积：38018.1m²
建筑规模：地上20层，地下3层
设计时间：2004年8月
竣工时间：2007年4月

　　本项目为集休闲、办公、会议为一体的高层单元式办公楼，地下室为3层，裙房3层。该方案引入了全套生态系统，是一栋被赋予全新设计理念的现代办公建筑。立面主要采用玻璃幕墙材料，使自然光线与室外绿景自由流入办公空间。外部空间丰富，照顾到了城市道路不同来向的景观视觉要求，造型上着力于通过简洁的形体和细部处理充分体现现代建筑的风格。主楼两侧以竖向线条来着重突出大厦的挺拔耸立，以增强现代感。层间布置的餐厅、咖啡厅及顶层布置的露天景观茶座更是突出体现了现代办公的人性化设计。

总平面图

1.大堂
2.银行开放营业厅
3.银行办公
4.门厅
5.咖啡厅

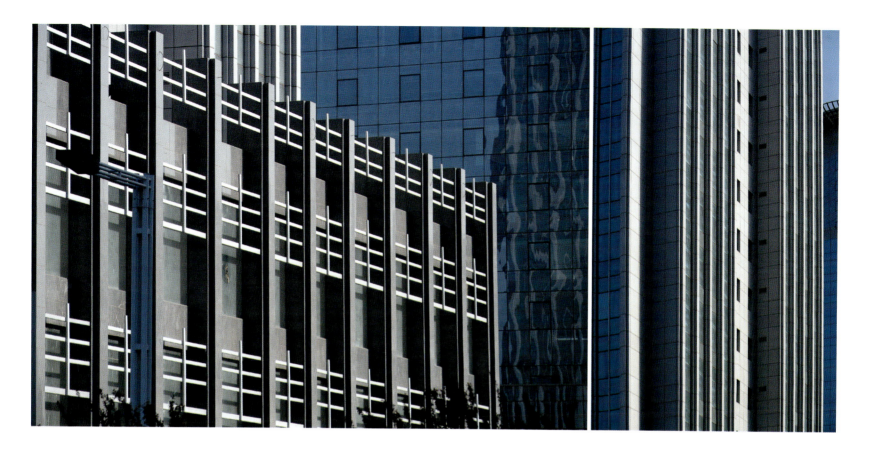

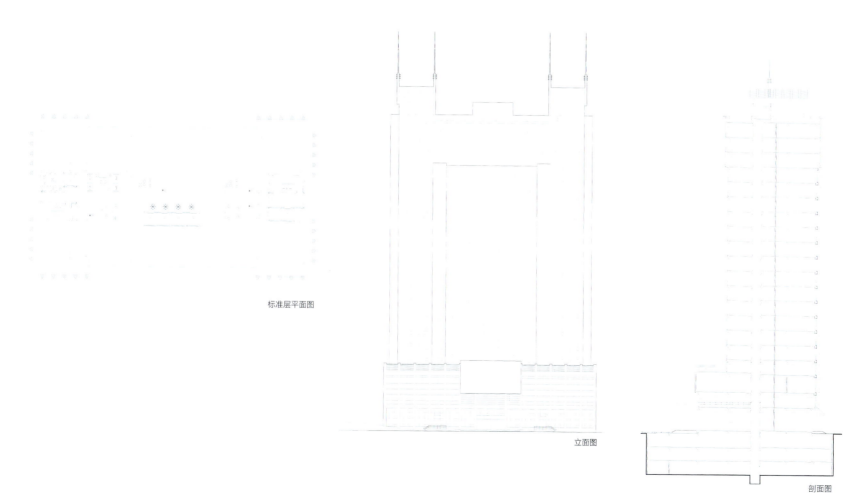

标准层平面图

立面图

剖面图

嘉亿国际商务中心
Jiayi International Business Centre

建设单位：河南省嘉亿置业有限公司
地　　址：商务外环路以东，商务西六街以南
设计单位：北京东方国兴建筑设计有限公司
设计人员：设计总负责人：刘健
　　　　　建筑：张向军　结构：陆国红
　　　　　设备：牛立华、王宇　电气：高爽
监理单位：郑州广源建设监理咨询有限公司
施工单位：河南新城建设有限公司
用地面积：4321.12m²
建筑面积：53060.91m²
　　　　　（其中，地上：43043.70m²；地下：10017.21m²）
建设规模：地上29层，地下3层
主要用途：办公
设计时间：2006年7月

　　整个建筑的设计力求各种服务性空间和交通核紧密结合，集中布置。办公空间面积伸缩性强，可根据商务办公企业的实际需求灵活分割且各朝向具有极佳的采光和视觉景观，除了完善的办公室配置外，大楼内还设有各种完备方便的服务性用房，如餐饮、商店等，使楼内办公人员在工作同时也能享受到方便体贴的生活服务，同时为不同企业提供了一个理想而完善的办公环境。

　　本建筑以展现河南风貌和精神为外观设计的重点和出发点。河南这块古老的土地上孕育了众多名人、政治家，而建筑物的外观形体隐喻为唐代官帽，公正简洁、明朗大气。设计手法上，底层多用石材，逐渐增加金属材料和玻璃到顶，从下至上给人一种由重到轻、由实到虚、由粗到细的感觉。本设计还应用了与郑州温带气候区相适宜的外墙构造、适度合理的窗墙比，理性的简约与感性的创意相结合，反浮华与造作。注重立面肌理的过渡、退晕、渐变，以达到有秩序、有组织的编制建筑细节，"统一中求变化"，形成明朗、大方、耐看、大气、气质不凡的高层建筑形象。

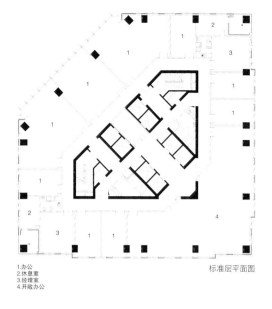

1. 办公
2. 休息室
3. 经理室
4. 开敞办公

标准层平面图

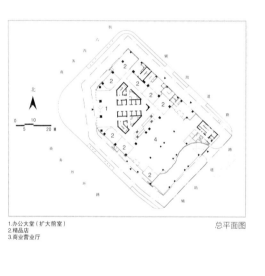

1. 办公大堂（扩大前室）
2. 精品店
3. 商业营业厅

总平面图

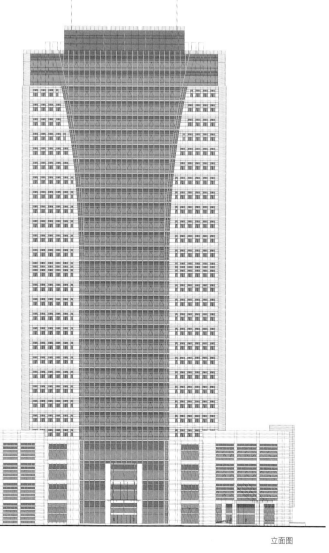

立面图

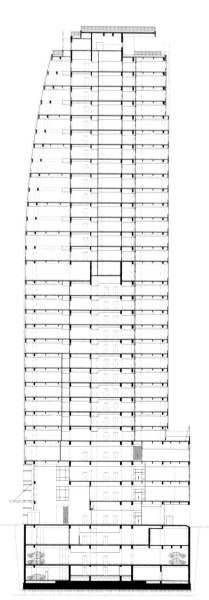

剖面图

河南国际商会大厦
Henan International Chamber of Commerce Tower

建设单位：郑州仟僖置业有限公司
地　　址：商务外环路以东，商务西四街以北
设计单位：深圳建筑设计总院
　　　　　中铁郑州勘察设计咨询院有限公司
监理单位：郑州广源建设监理咨询有限公司
施工单位：河南省中原建设有限公司
用地面积：5295.47m²
建筑面积：70373.99 m²
　　　　　（其中，地上：58176.89m²；地下：12197.1m²）
建设规模：地上30层，地下3层
主要用途：办公
设计时间：2006年4月

　　本建筑地下3层，地上30层，其中裙房4层。按功能可划分为3个部分：五至三十层为办公部分，楼层平面划分完整，并为SOHO办公等功能组合提供可能；一至四层为商业用房；地下3层，提供停车及部分设备用房之用，柱网整齐、布车集中、流线清晰。

　　本设计方案运用简洁四方的体形和明快统一的色调来缓解周边建筑的影响，在气势上取得抗衡甚至超越周边建筑的优势。塔楼屋顶设绿化公园，在满足规划要求建筑高度的同时，丰富了建筑空间。外墙采用暖灰色澳大利亚砂石和本体灰玻璃为主要材料，再配以金属百叶，使大楼稳重而不失现代气息。

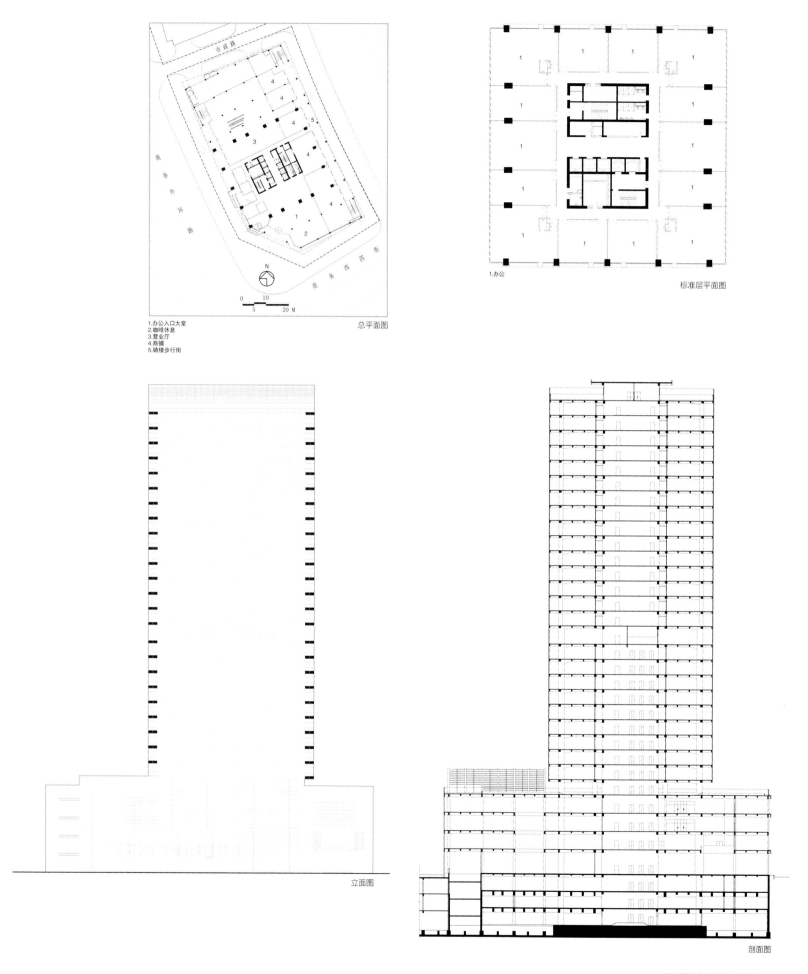

1.办公入口大堂
2.咖啡休息
3.营业厅
4.商铺
5.骑楼步行街

总平面图

1.办公

标准层平面图

立面图

剖面图

郑东新区商务中心区
城市规划与建筑设计篇

国龙大厦
Guolong Tower

建设单位：河南省国龙置业有限公司
地　　址：商务外环路以东，商务西三街以南
设计单位：深圳建筑设计总院
　　　　　中铁郑州勘察设计咨询院有限公司
监理单位：河南中豫建设监理有限公司
施工单位：中建八局第二建设有限公司
用地面积：5603.48m²
建筑面积：72005.55m²
　　　　　（其中，地上：59099.03m²；地下：12906.52m²）
建设规模：地上30层，地下3层
主要用途：办公
设计时间：2006年4月

本建筑与邻近的国际商会大厦互为姐妹楼，设计和功能基本相似。一至四层为商业用房；五至三十层为办公部分；地下3层为停车及部分设备用房。

本建筑按5A智能化建筑建造。主要体现在：

(1) 办公自动化，由触摸屏系统和物业管理系统组成；

(2) 楼宇自动化，主要指空调系统、变配电系统、电梯监控系统、给排水系统、智能照明系统，对能耗系统可以进行合理的能量分配；

(3) 信息自动化，主要指综合布线系统、计算机网络系统、程控交换机系统、卫星及有线电视系统、视频会议系统；

(4) 消防自动化，消防报警系统含背景音乐紧急广播系统，24小时实施监控；

(5) 安保自动化，综合安全防范系统将电视监控系统、防盗报警系统、门禁系统、车库管理系统、电梯系统、巡更系统、一卡通系统有机集成在一起，成为开放网络系统，大厦安防中心的保安人员24小时对各系统传送到安防中心的信息进行观察监控和报警处理。

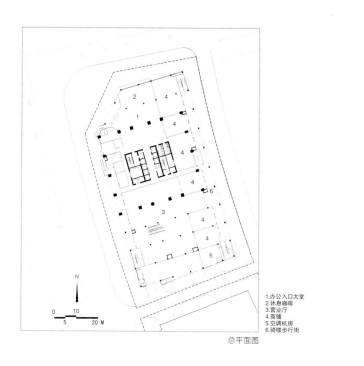

1.办公入口大堂
2.休息咖啡
3.营业厅
4.商铺
5.空调机房
6.骑楼步行街

总平面图

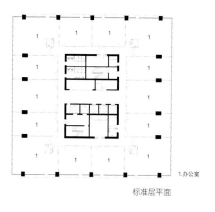

1.办公室

标准层平面

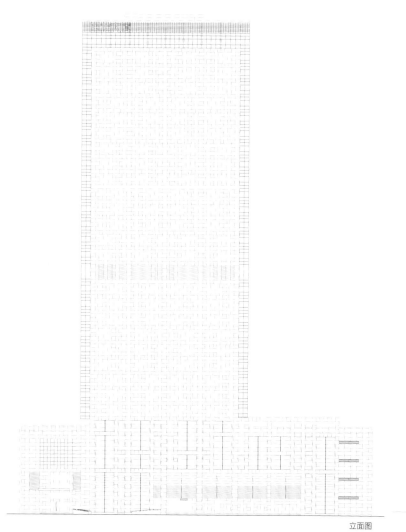

立面图

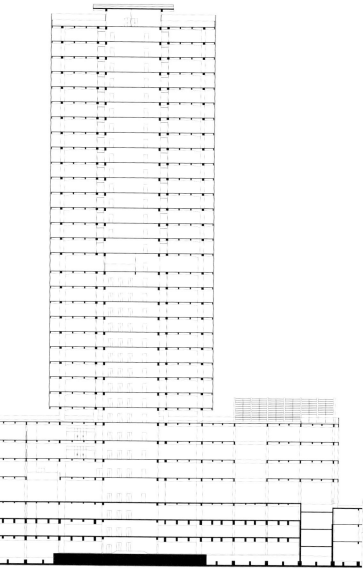

剖面图

立基·上东国际
Robert Black, East International

建设单位：河南立基房地产开发有限公司
地　　址：商务外环路以东，商务西三街以北
设计单位：北京正东国际建筑工程设计有限公司
　　　　　河南省建筑设计研究院
监理单位：河南海华工程建设监理公司
施工单位：河南省第五建筑安装工程有限公司
用地面积：3872.13m²
建筑面积：51710m²
　　　　　（其中，地下：7518m²；地上：44192m²）
建设规模：地上30层，地下3层
主要用途：办公
设计时间：2006年6月

　　本建筑地上30层，其中裙房4层，主楼为商务办公等设施，裙房部分为商场，办公楼商业部分一至二层设有共享大厅，南北两侧通过连廊连接。标准层平面为办公部分，由基本房型组成，设计中我们按用户不同需求分别进行几种户型的组合，充分满足了业主对高层办公功能划分要求，即可分可合，可大可小，供用户自由选择。地下一，二层为车库，采用机械式提升，地下三层为设备用房。

　　本建筑运用简洁有力的形体，塑造现代、高效、具有时代气息的个性化商务办公大楼，为郑东新区添彩。立面设计力求简洁、明快、新颖，体现该商务大楼的独特个性，强调建筑立面效果与周围环境的融合。在细部处理上，通过细致推敲，确定细部构件的比例与组合，主楼采用铝塑板装饰面层，结合空调机隐蔽处理，用不锈钢分隔与窗框架细部组合，增加现代感，淡淡的银灰色调，整体风格和谐统一又有微妙变化，光影气韵细腻生动，尤其在天光、云影的映照下，升华了建筑体型的艺术表现力。4个相互垂直的立面，因视角不同，呈现出丰富多彩的姿态。

1.办公

标准层平面图

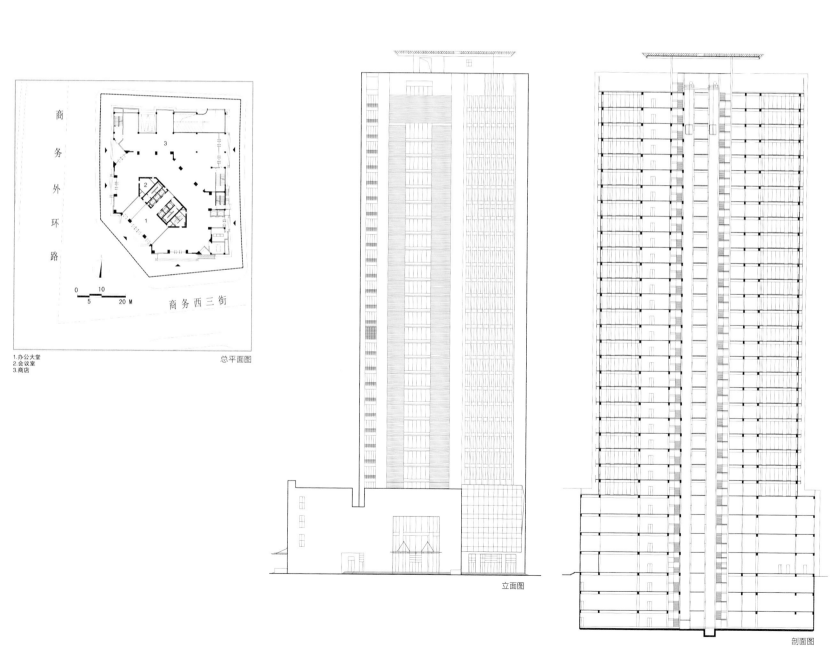

1.办公大堂
2.会议室
3.商店

总平面图

立面图

剖面图

中烟大厦
Zhongyan Tower

建设单位	郑州新芒果房地产有限公司
地　　址	商务外环路以东，商务西二街以北
设计单位	核工业第五研究设计院
设计人员	项目负责人：刘彤
	建筑：董智年　结构：叶波
	电气：赵波　给排水：柴昱林
	暖备：赵保红
监理单位	河南宏业建设管理有限公司
施工单位	中国建筑第二工程局第二建筑工程公司
用地面积	4386m^2
建筑面积	44193m^2
	（其中，地上：36243m^2；地下：7950m^2）
建设规模	地上31层，地下3层
主要用途	办公
设计时间	2005年10月

本建筑结构形式为框架核心筒结构，是集办公、会议、休闲、娱乐、餐饮为一体的高档商务楼。大厦西临32hm^{2}的郑州之林公园，东靠CBD中心湖。生态环境得天独厚，交通路线四通八达，新老城区双重呵护，尽享畅达。

大厦规划设计理念从城市设计出发，创造平淡含蓄、简洁素雅的办公建筑形象，着重对内涵、细部、材质的挖掘，实现功能、造型、环境与人性化的和谐统一，建筑主体采用椭圆形，充满活力和动感并蕴涵着丰富的现代哲理。根据城市设计要求，建筑以现代风格的基调，建筑立面在椭圆形基础上有"加""减"变化，整体突出建筑挺拔向上的立意。主体与顶部处理的协调统一，使建筑既简洁明快又富有多彩的细部设计，并将企业文化的含义与建筑语言相结合。材料上，底部运用石材，表现庄重的气氛，主体采用玻璃幕墙、条形窗和金属构件，虚实对比强烈，突出现代建筑的气质。

中烟大厦进行5A智能配套，可最大限度地提高办公效率，并为员工进行创造性发挥提供一个完善的硬件基础平台。

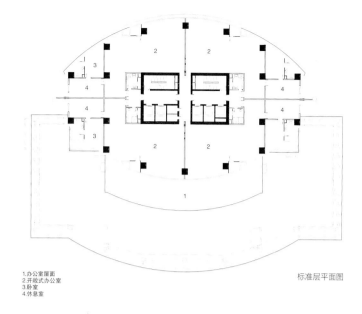

1. 办公室屋面
2. 开敞式办公室
3. 卧室
4. 休息室

标准层平面图

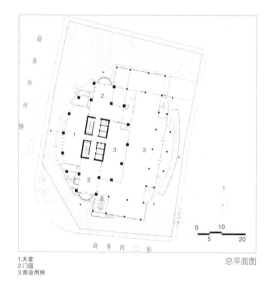

1. 大堂
2. 门庭
3. 商业用房

总平面图

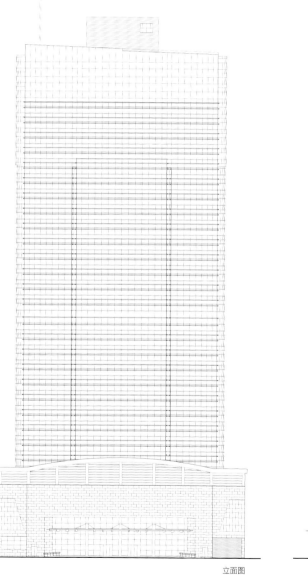

立面图

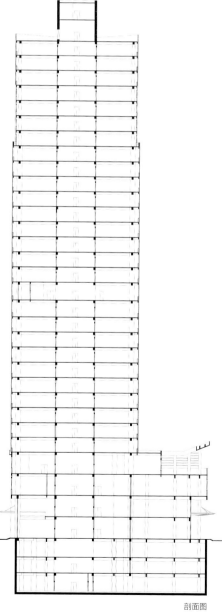

剖面图

汇锦中油大厦
Huijin CNPC Tower

建设单位：郑州汇锦中油置业有限公司
地　　址：商务外环路东侧，众意西路以南
设计单位：上海泛太建筑设计有限公司
　　　　　机械工业第六设计研究院
设计人员：项目总负责人　包昌亮
监理单位：河南卓越工程管理有限公司
施工单位：福建恒亿建设集团有限公司
用地面积：4732.05m²
建筑面积：51288m²
　　　　　（其中，地上：42270m²；地下：9018m²）
建设规模：地上31层，地下3层
主要用途：办公
设计时间：2005年10～11月

总平面图

1. 银行、证券公司
2. 商务中心旅行社
3. 洗衣房

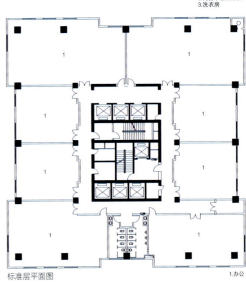

标准层平面图

1. 办公

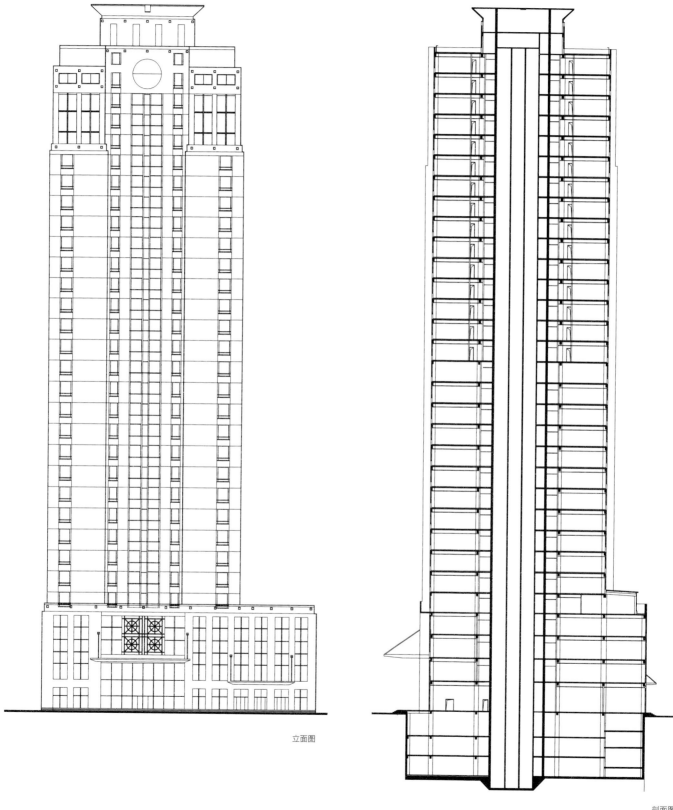

立面图

剖面图

兆丰中油大厦
Zhaofeng CNPC Tower

建设单位：郑州兆丰中油置业有限公司
地　　址：商务外环路以东，众意西路以南
设计单位：上海泛太建筑设计有限公司
　　　　　机械工业第六设计研究院
设计人员：项目总负责人：包昌亮
监理单位：河南卓越工程管理有限公司
施工单位：中国新星建设集团公司
用地面积：3995.9m^2
建筑面积：50353.4m^2
　　　　　（其中，地上：41816.4m^2；地下：8537m^2）
建设规模：地上31层，地下3层
主要用途：商业
设计时间：2005年7~9月

　　本项目基地邻商务外环路和众意西路，西侧是规模达32hm^2的集中绿地公园，交通便捷，地位突出，环境优良，是郑东新区的门户地段，具有极高的商业价值和区位优势，拟建成集酒店、办公、娱乐商业为一体的综合性建筑群体，其必将为新区的地标性建筑。

　　本项目包含两栋建筑，考虑统一设计，分期实施。一栋是以标准酒店和长住酒店相结合的综合性酒店，建筑名称兆丰中油大厦，另一栋是公寓式办公，建筑名称汇锦中油大厦。两栋建筑形体相似，形成姐妹楼的组成形式，便于形成统一的建筑群体，增强建筑感染力。各建筑主要入口临外环路，方便人员出入。在地块之间，围合成一个共用广场，便于建筑不同功能的人员交通的组织，后勤入口布置在地块东侧辅路上，总体设计流线清晰富有条理，运作高效。

　　根据郑东新区规划导则的要求，从建筑使用特性出发，汲取现代建筑语汇并吸收和发扬中原传统文化精髓，采用现代与传统相融合的设计理念，形成既具有时代特色，又兼有地方特征的建筑表现。其特征体现在建筑整体的比例和细部线脚的推敲，形成富有趣味、经久耐看的建筑造型。顶部设计采用构架的方式，比拟古代封土筑台的造型，体现中原文化的传统。

　　建筑色彩采用与周围环境相协调的稳重色调，考虑到本建筑是一组高级酒店及公寓建筑，所以立面主体材料选用有温馨质感的米色石材，配以暖灰色铝合金框料。立面开窗也主要采用与客房开间相对应的方窗形式。一方面满足使用要求，另一方面减少了窗墙比，避免了无谓的能源消耗，满足建筑节能要求并减少了单纯追求立面带来的材料浪费。

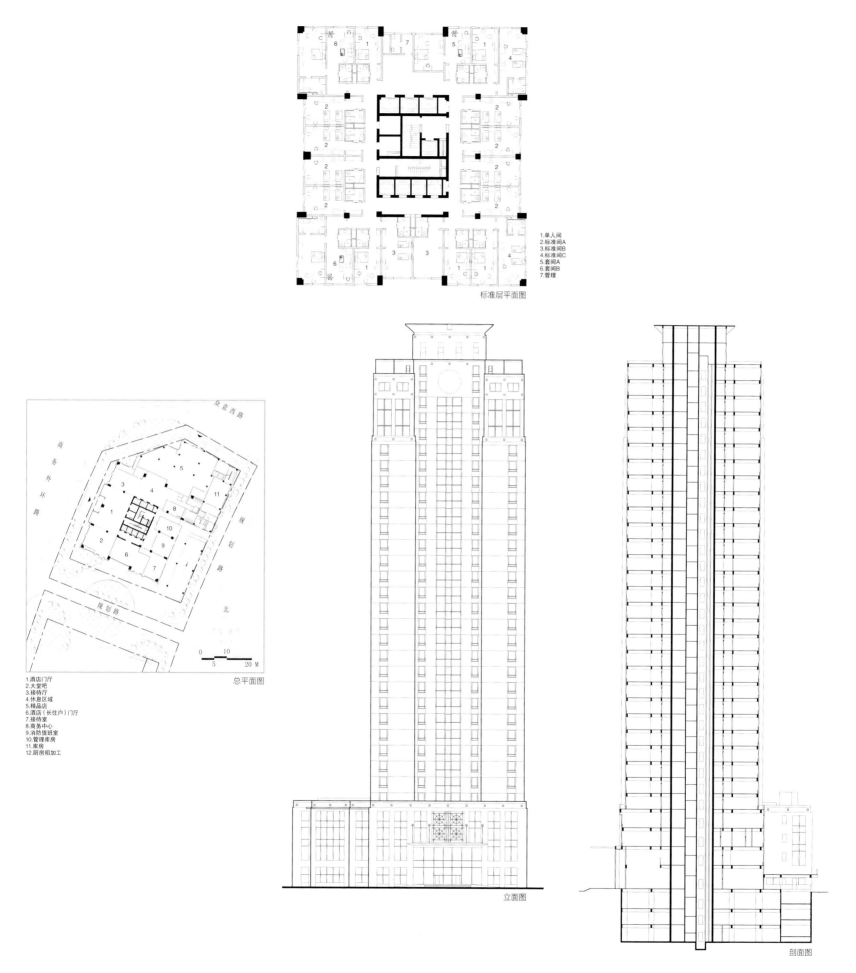

绿地世纪大厦
Greenland Century Tower

建设单位：河南老街坊置业有限公司
地　　址：CBD外环路以南，众意西路以东
设计单位：河南纺织设计院
施工单位：上海绿地建设有限公司
用地面积：4095m²
建筑面积：38428m²
建筑规模：地上29层，地下2层，裙房4层
主要用途：办公
设计时间：2004年11月
竣工时间：2006年12月

　　本项目为集商业娱乐、办公于一体的综合性高档写字楼，由1栋高层塔楼及4层裙房组成，建筑高度为120m。该方案外部空间丰富，既能照顾到城市道路不同来向的景观视觉要求，又使标准层主要房间具有较好的南北朝向。同时在立面造型上着力通过简洁的形体和细部处理充分体现现代建筑的风格，十分强调与周边环境建筑的协调性。裙房和主楼的立面采用不同的构思，减轻了建筑体的体积和压迫感，裙房外墙以天然石材为主，入口处采用玻璃幕墙，将开窗与商业广告布置有机地结合。主楼结合分体空调室外机的布置饰以不锈钢分割线和装饰条，以增强现代感。

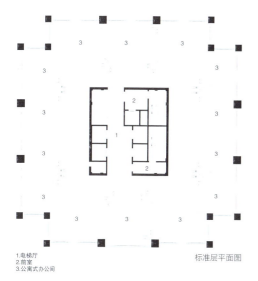

1. 电梯厅
2. 前室
3. 公寓式办公间

标准层平面图

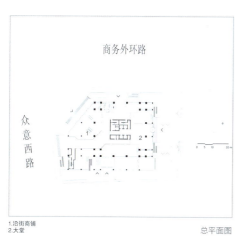

1. 沿街商铺
2. 大堂

总平面图

立面图

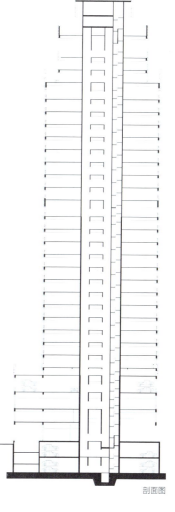

剖面图

绿地·峰会天下
Greenland·World Summit

建设单位：河南老街坊置业有限公司
地　　址：CBD外环路以东，众意西路以北
设计单位：上海大境建筑设计事务所
施工单位：上海绿地建设（集团）有限公司
用地面积：5220m²
建筑面积：52124.92m²
建设规模：地上32层，地下2层，裙房3层
主要用途：办公
设计时间：2006年6月
竣工时间：2007年9月30日

　　本项目为高层单元式办公楼，由1栋高层塔楼及3层裙房组成，地下室为2层，主楼32层。该方案外部空间丰富，既能照顾到城市道路不同来向的景观视觉要求，又使标准层主要房间具有较好的南北朝向，同时在立面造型上着力通过简洁的形体和细部处理充分体现现代建筑的风格，十分强调与周边环境建筑特别是A-15地块建筑外立面风格的相互协调。裙房和主楼的立面采用不同的构思，减轻了建筑体的体积和压迫感，裙房外墙以天然石材为主，入口处采用玻璃幕墙，将开窗与商业广告布置有机的结合。主楼结合分体空调室外机的布置饰以不锈钢分割线和装饰条，以增强现代感。

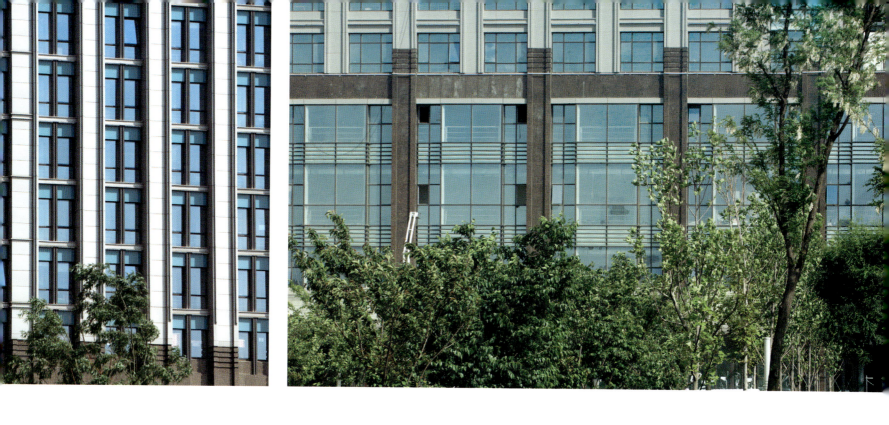

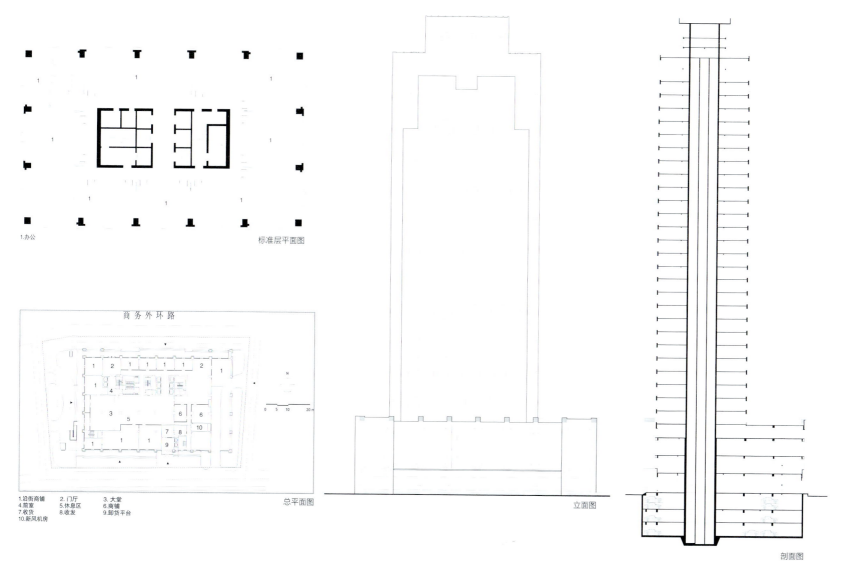

1.办公　　　　　　　　　　　　标准层平面图

1.沿街商铺　2.门厅　3.大堂
4.箭室　　　5.休息区　6.商铺
7.收货　　　8.收发　　9.卸货平台
10.新风机房

总平面图

立面图

剖面图

第一国际
First International

建设单位：河南顺驰地产有限公司
地　　址：CBD外环以南，众意路以西
设计单位：核工业第五研究设计院
施工单位：中建六局
用地面积：4394.51m²
建筑面积：58364m²
建设规模：地上26层，地下3层
主要用途：办公
设计时间：2004年10月
竣工时间：2008年5月31日

　　该方案高度为119.2m，是集商业、办公为一体的高端写字楼。周边三面临街，其入口大门位处东面端头，朝向中心轴线道路，气势非凡。写字楼大堂提升到了二层空间，高约13m的双层空间以手扶电梯连接，在经济效益与美学考虑之间取得了一个理想的平衡。立面设计上采用了不同疏密编排的幕墙铝框，以创造出不同的节奏效果。平面本身的多边和多短面设计，在丰富了外形变化之余又营造出了精致小巧的感觉，与美国纽约SOHO区的生活风格结合，更可谓绝妙的配搭。

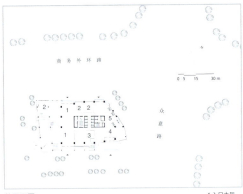

总平面图

1.入口大厅
2.办公室
3.商务中心
4.写字楼大堂
5.休息区

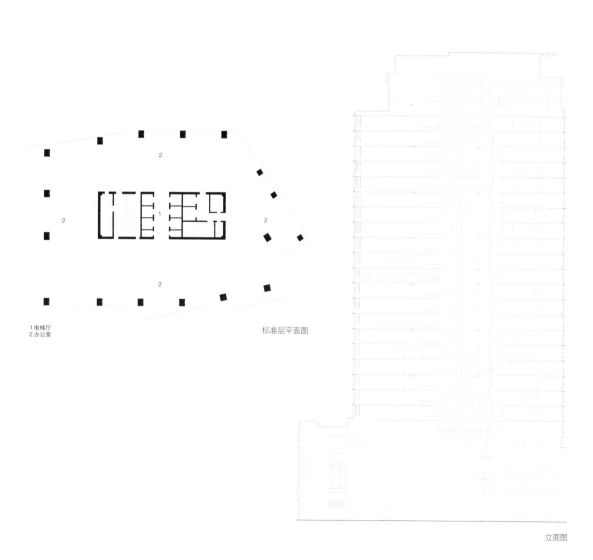
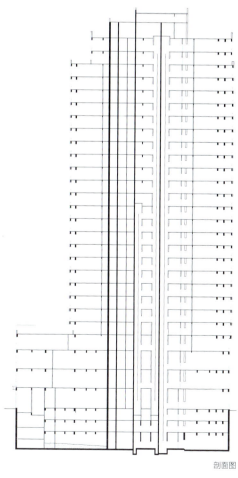

1.电梯厅
2.办公室

标准层平面图

立面图

剖面图

郑东新区商务中心区
城市规划与建筑设计篇

温哥华大厦
Vancouver Tower

建设单位：枫华（郑州）置业有限公司
地　　址：CBD外环路以南，众意路以东
设计单位：深圳市协鹏建筑与工程设计有限公司
　　　　　机械工业第六设计研究院
施工单位：中国建筑第五工程局
用地面积：3079.77m²
建筑面积：36900m²
建设规模：地上28层，地下3层，裙房5层
设计时间：2006年4月
竣工时间：2008年12月

本项目总高度为120m，是一集商铺、娱乐、休闲、健身、办公为一体的高档写字楼。该方案外部空间丰富，标准层选用弧形和方形的结合，与地形结合得相得益彰，简洁而大方。在道路交叉口的转角部位采用弧形转角，与对面建筑形成很好地呼应，同时弱化了高层建筑对街角的压迫感，也形成了造型上的美感。主楼立面的竖向线条突出大楼的高耸形象，外墙主墙面的浅黄色外挂大理石与白色线角百叶、蓝色玻璃形成对比，整体形象俊朗挺拔，表现出了国际化企业的大气形象。分段设置的空中绿色更加强调了本身的特色。

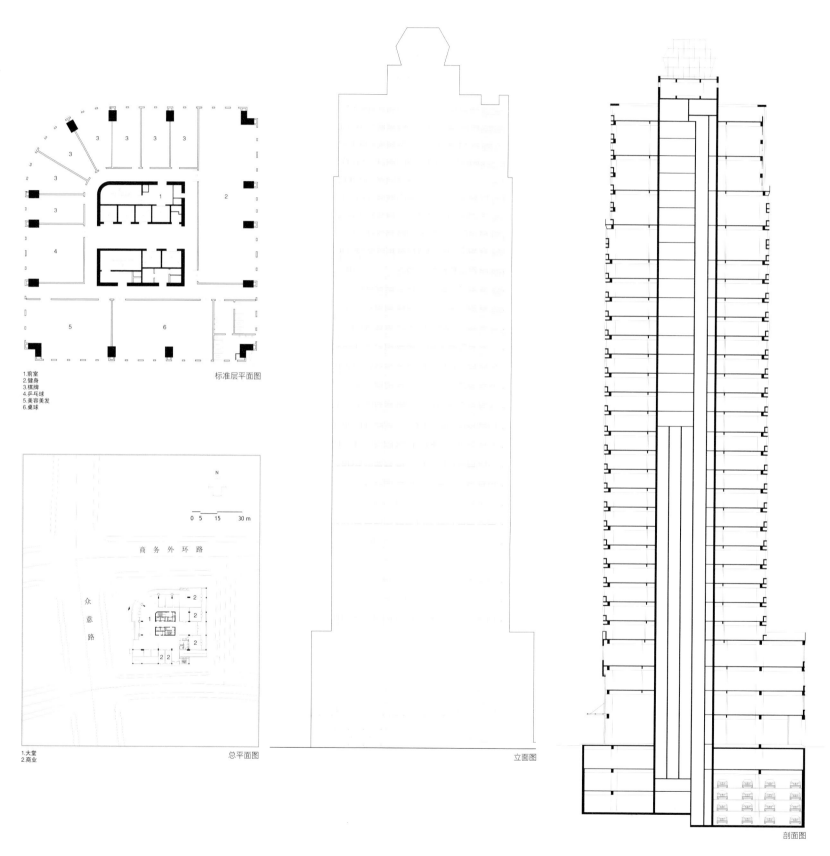

中国农业银行河南分行
Agricultural Bank of China Henan Branch

建设单位：郑州市新东置业
地　　址：CBD外环路以南，商务西街以西
设计单位：机械工业第六设计研究院
施工单位：中国航空港建设总公司
用地面积：3632m²
建筑面积：34509m²
建设规模：地上31层，地下3层，裙房4层
设计时间：2005年12月
竣工时间：2006年2月14日

　　该项目在方案设计上确立了"简约、共享、生态"的原则，在"共享"中引入了"城市客厅"的概念，并充分融入现代城市设计的思想和方法，形成完美的建筑形象和空间景观，局部设置的平台花园更是强调了"以人为本"的设计主题。在建筑立面设计上利用大块体之间的穿梭、咬合，形体的凹凸、新材质的运用获得建筑的本体，体现出轻快的时代气息，创造了简洁明快的办公空间。大面积的玻璃幕墙，使自然光线与室外绿景自由流入办公空间。新型幕墙材料——LOW-E玻璃的应用和节能措施的实施，使办公楼既可享受大自然的恩赐又可节约大量的能源。

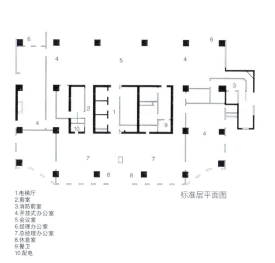

1.电梯厅
2.前室
3.消防前室
4.开放式办公室
5.会议室
6.经理办公室
7.总经理办公室
8.休息室
9.餐卫
10.配电

标准层平面图

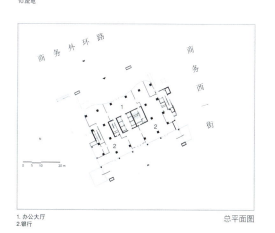

1.办公大厅
2.银行

总平面图

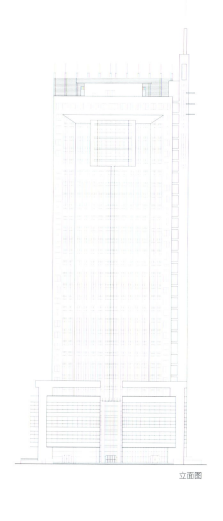

立面图

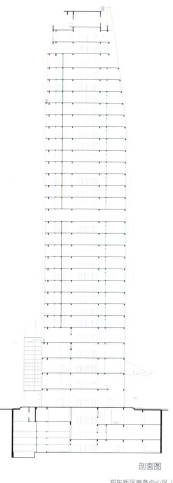

剖面图

郑东新区商务中心区 | 221
城市规划与建筑设计篇

意大利·国际大厦
Italy · International Building

建设单位：苏霞（郑州）房地产开发有限公司
地　　址：CBD 外环路以南，商务东一街以东
设计单位：南京金海设计工程有限公司
设计人员：王晓阳、张岩、柯海峰
施工单位：曙光控股集团有限公司
用地面积：9381.58m²
建筑面积：97568m²
建设规模：地上 27 层，地下 3 层，裙房 4 层
主要用途：办公
设计时间：2005 年 11 月

该大厦配备有商务中心及休息咖啡厅、餐饮、美容、休闲健身、商务会议等文化娱乐设施。立面造型上着力于通过简洁的形体和细部处理充分体现现代建筑的风格，并适当融入部分古典文化的元素，将中式古塔与西方哥特风格相融合，屋顶造型宛如熠熠生辉的钻石，又宛如层层绽放的花瓣，内置顶层意大利酒吧、艺术精品廊，并且把电梯机房和水箱含在造型中。塔身取自中国古塔，寓意芝麻开花节节高。裙房外墙以天然石材为主，在主入口出采用玻璃幕墙，同时将开窗与商业广告布置有机结合。主楼的实体部分主要采用大理石材处理，结合分体空调室外机的布置，饰以不锈钢分隔线和装饰条，以加强现代感。

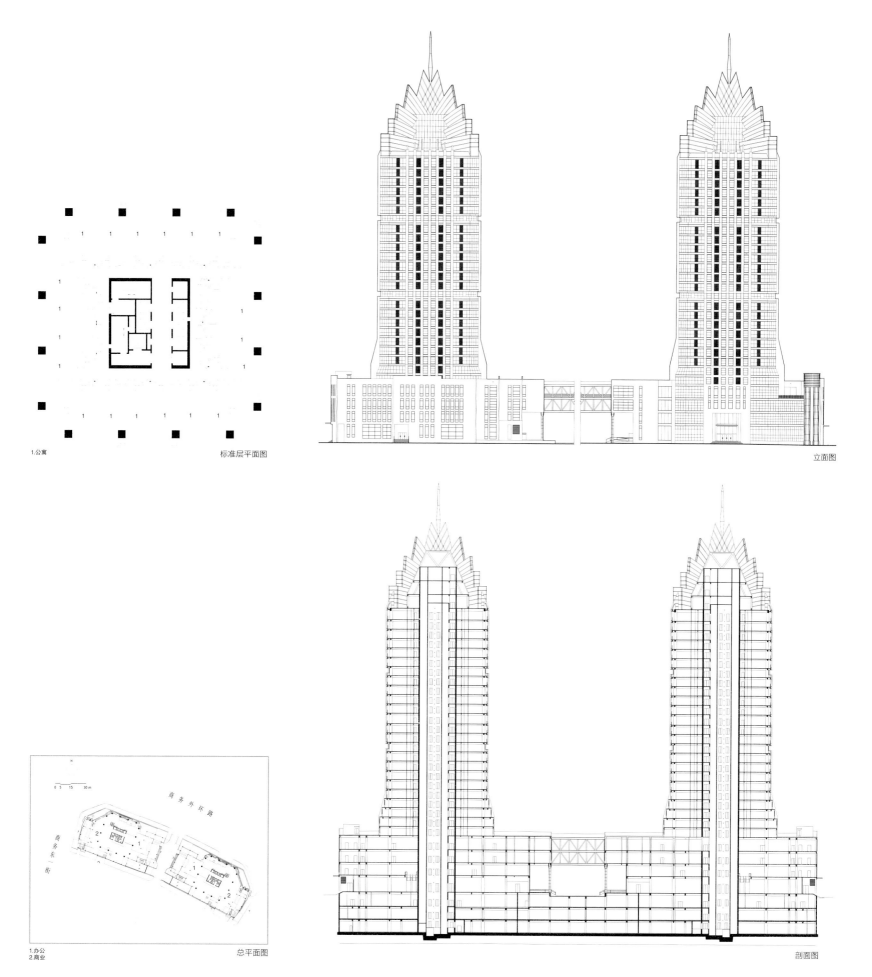

众合环宇国际大厦
Zhonghe Universal International Tower

建设单位：郑州市环宇置业有限公司
地　　址：商务内环路以南，商务东五街以西
设计单位：广东中人工程设计有限公司
施工单位：新蒲建设集团有限公司
用地面积：5114.5m²
建筑面积：地上30680m²，地下7136m²
建设规模：地上22层，地下2层
主要用途：办公
设计时间：2003年11月
竣工时间：2007年6月

　　本大厦由地下室和22层的主楼构成，首层为办公大堂和商业公建配置；二层为商业、饮食、娱乐、健身配置；三层为会议中心和办公；四至二十二层为办公，标准层的平面经过仔细推敲，力图使各种指标达到最优配置，办公环境舒适。办公空间的适应性、灵活性很强，可以根据客户需要进行平面上和空间上的灵活分割，既满足大公司的综合办公需要，又方便中小型公司的小规模运作。

　　建筑材料主要以经济、耐用、施工容易及维修方便为准则。

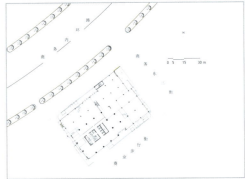

总平面图

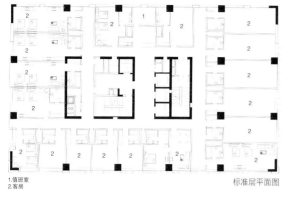

1.值班室
2.客房

标准层平面图

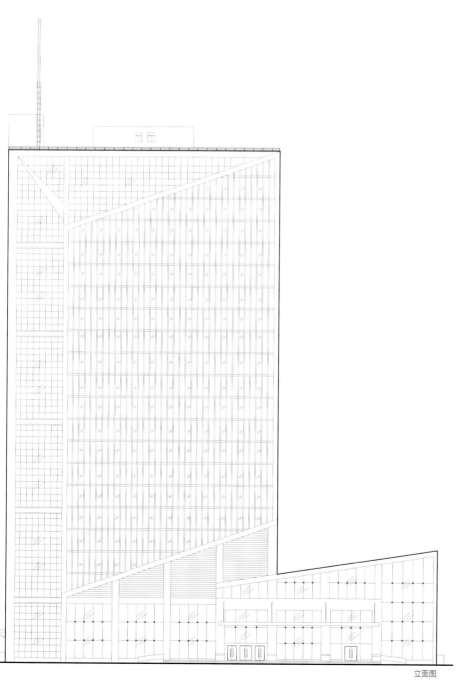

立面图

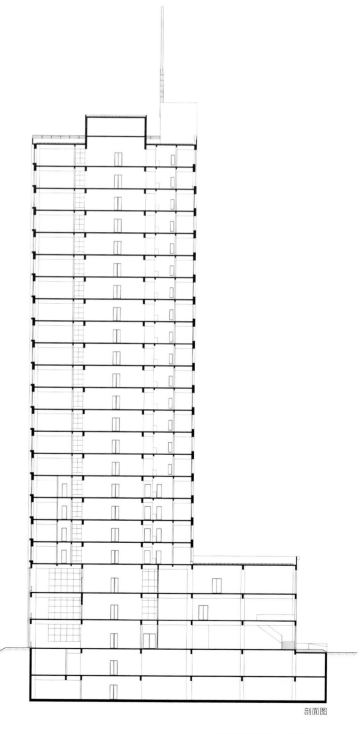

剖面图

郑州市广播电视中心
Zhengzhou City Radio and Television Center

建设单位：郑州市广播电视中心
地　　址：商务内环以北，商务东一街以东
设计单位：中广电广播电影电视设计研究院
施工单位：中国建筑总公司
用地面积：5254m^2
建筑面积：49994m^2
建设规模：塔楼地上17层，地下2层；
　　　　　裙房地上6层，地下2层
主要用途：办公
设计时间：2003年3月

该项目整个场地分为3个区域。南广场将人流分流到地下2层和地上6层，同时解决观众咨询服务和电视购物的需求；主楼集中所有工艺和办公用房，运用计算机和网络技术，实现采、编、播智能一体化，增加办公空间的时效性，同时可以容纳城市公众参与演播或参观游览；裙房集中演播室、文艺录音室及生活服务设施，为电视台、电台服务。

裙房首层设置转播车库、布景道具库及对外经营用房，西裙房二层为职工食堂，三至四层为广播节目制作用房，五至六层为电视新闻中心；东裙房一至三层为600m^2演播室，四至六层为340m^2演播室。西塔房六至七层为广播播出中心，八至十四层为办公用房，十五层为大会议室，十六至十七层为空中花园。东塔房四至二十层为10套80m^2演播室、电视节目后期制作用房，十三至十四层为电视播出中心，十六至十七层为大审看厅及微波机房。

建筑总体布局上，广播电视中心、办公中心和裙房构成围合式的建筑总平面，是传统四合院形式概念化的反映。同时，将3栋朝向各异的建筑通过连廊相接，解决了不规则用地带来的建筑布局困难。

建筑形象上，广播电视中心是未来环形"共生城市"中的文化性城市要素，以钢、玻璃、铝板和石材形成的建筑形象，不仅体现了新郑州现代化的时尚气息，而且简洁、纯净的造型充分展示出建筑特有的文化气质。

在建筑的造型中，四边体和椭圆体构成形式的二元共生要素，体块的穿插是一种形式的对话与交流，最后达成共生的和谐，并由此产生出变化流转的形体和空间关系。

建筑空间方面，在四边体和椭圆体的二元共生的环境中，中间领域的产生是必然性的要求，由于中间领域的不确定性和动态性，最终形成了参观休息平台戏剧性变化空间，由此也就诞生"梦舞台"这样的建筑空间意象。光线透过漏空的屋顶，造成空间丰富的光影变化，更加强了空间的舞台效果。同时"梦舞台"还很好地切合了建筑的文化含义，成为城市文化展示的舞台。

总体构思上，该项目充分体现电视台功能特色，实现新型传媒建筑的社会性、文化性和开放性；符合信息时代精神，实现电视台智能化、网络化的新型运行模式；突出建筑的地标性，展示21世纪新郑州风采；高效利用土地，充分绿化，实现可持续发展；人文关怀，面向全市，实现建筑空间与环境的人性化；总体布局分中有连，实现建筑群的有机组合。

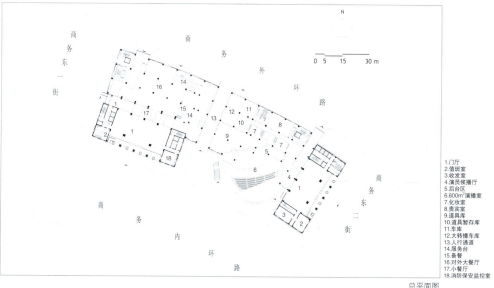

1.门厅
2.值班室
3.收发室
4.演员候播厅
5.后台区
6.600m²演播室
7.化妆室
8.贵宾室
9.道具库
10.道具暂存库
11.车库
12.大转播车库
13.人行通道
14.服务台
15.备餐
16.对外大餐厅
17.小餐厅
18.消防保安监控室

总平面图

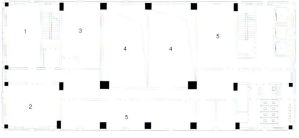

1.电视综合节目上下载机房
2.电视综合节目制播网中心机房
3.空调机房
4.80m²演播室
5.编辑办公室

1.电子编辑室
2.空调机房
3.导演室
4.80m²演播室
5.化妆室

标准层平面图

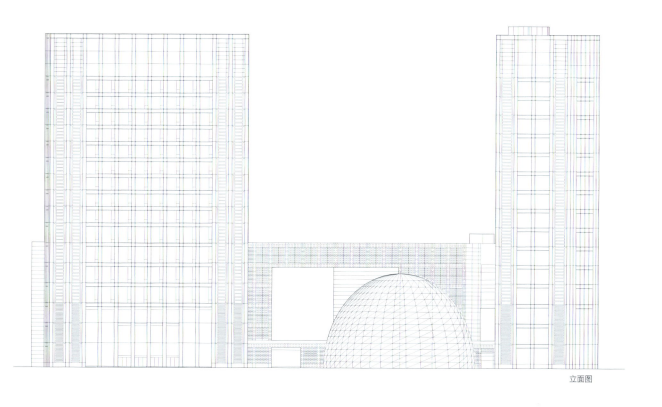

立面图

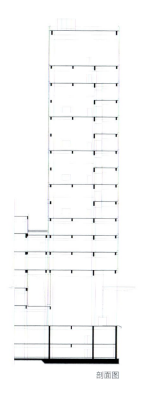

剖面图

世贸大厦
World Trade Tower

建设单位：郑州新澳房地产开发有限公司
地　　址：CBD内环路以西，商务西七街以南
设计单位：中国·城市建设研究院
施工单位：福建恒忆建设集团有限公司
用地面积：4586.6m²
建筑面积：35705m²
建设规模：地上22层，地下2层
设计时间：2004年11月
竣工时间：2006年12月

　　本项目为集商业娱乐、办公于一体的综合性高层楼房，总高度为80m，地上22层，地下2层，其中地上一至四层为商业用房，五至二十二层为办公用房。该方案以简洁纯净的体量契入城市肌理中，突出郑东新区CBD商务中心建筑的个性——简洁、时效、明快、素雅、稳重，通过石材、玻璃的有机结合运用，展现时代特点。挺拔的竖向线条与玻璃强烈虚实对比，以及灰空间的运用（空中花园）等展示了时尚气息。方案引入绿色生态办公空间，力求创造通透的室内外空间和充满人文关怀的建筑环境，体现出"以人为本"的精神。

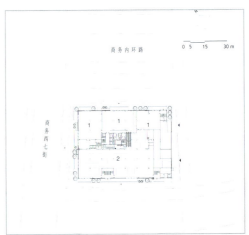

总平面图

1.商铺
2.商场

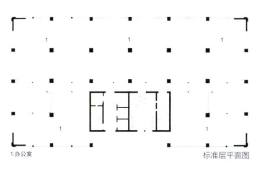

1.办公室　　　　　　　　　标准层平面图

立面图

剖面图

景峰国际中心
Jingfeng International Centre

建设单位：郑州亿国金顺房地产开发有限公司
地　　址：商务外环路以西，商务东三街以北
设计单位：美国 CORE DESIGN GROUP 公司
　　　　　中国电子工程设计院集团
　　　　　北京时空筑诚建筑设计有限公司
　　　　　北京柯德普建筑设计顾问有限公司
监理单位：河南卓越工程管理有限公司
施工单位：北京建工集团有限责任公司
用地面积：4446.5m²
建筑面积：54435.04m²
　　　　　（其中，地上：45602.88m²；地下：8832.16m²）
建设规模：地上 35 层，地下 3 层
主要用途：商业
设计时间：2006 年 7 月

　　景峰国际中心是集五星级酒店、公寓式酒店及办公等功能为一体的大型综合性生态智能建筑。该项目位于郑州市郑东新区 CBD（中央商务区）外环核心区域，东临郑州第 47 中学新校区，地块南侧与联合中心隔路相望，西临内环万达期货，距郑州国际会展中心不足百米；地理位置十分优越。

　　大楼一至七层为酒店，裙房部分一至三层设有总台、大堂、咖啡厅、西餐厅、会议、中餐等酒店公共用房和配属服务用房。八至三十五层为公寓式酒店，公寓式酒店采用全中央空调系统,配套设施齐全先进,并设计有空间灵活的多种套型。

　　景峰国际中心功能完备、设施先进、空间灵活，立面造型简约、明快，通过玻璃幕墙、石材等材料形成材质的虚实对比，使整个建筑具有国际化和先锋化的高品质形象。

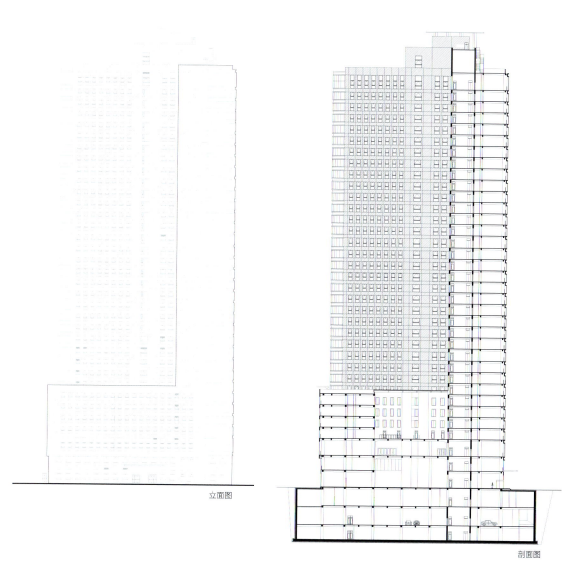

立面图

剖面图

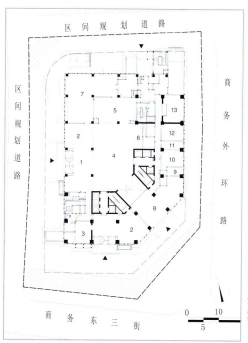

总平面图

1.酒店门厅
2.休息
3.信报厅
4.大堂
5.大堂吧
6.服务台
7.西餐厅
8.酒吧
9.酒吧厨房
10.医务室
11.商务
12.美容美发

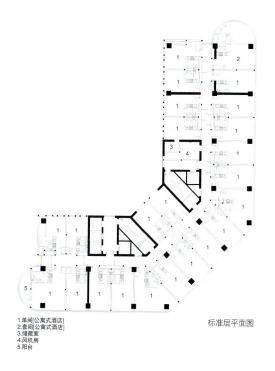

标准层平面图

1.单间[公寓式酒店]
2.套间[公寓式酒店]
3.储藏室
4.风机房
5.阳台

王鼎国际大厦
Wangding International Tower

建设单位：河南省王鼎泓大置业有限公司
地　　址：商务外环路以西，九如东路以南
设计单位：机械工业第六设计研究院
设计人员：项目主设计师：郭临武 艾静
　　　　　建筑：张俊红 李科强　结构：陈家模 杨大刚
　　　　　给排水：崔景立　暖通：任苒
　　　　　电气：郭克宇　弱电：李亮
施工单位：中建七局
用地面积：4445m²
建筑面积：72948.78m²
　　　　　（其中，地上：60862.66m²；地下：12086.12m²）
建设规模：地上29层，地下4层
主要用途：办公
设计时间：2007年3月~4月

　　本建筑地下一至四层为车库，地上一至四层裙房为商场和休闲场所，五层以上为商务办公空间。功能完善、设备齐全，是一幢以办公、商业、健身等为一体的综合性办公大楼，一幢技术先进、标准适当、安全可靠、使用高效的高层建筑。

　　设计中考虑与周边建筑互相呼应，结合裙房部分的叠加、组合、连接，形成完整、统一的建筑形象。引入生态空间环境的设计概念，在充分表达现代办公建筑风格的同时，运用建筑空间设计的手法，创造丰富多变的建筑内部空间环境，既很好地满足了使用功能上的要求，又营造出良好、独特的办公内部环境，还大大提高了该建筑的品位和层次。合理的总体布局，大气简洁的建筑体量，坚实稳重的实体墙面，结合浅蓝色的玻璃，明快而挺拔的竖线条，共同组成了现代感强烈的建筑实体。建筑造型上力求简约明了，气势磅礴，恢宏大气，以"实"（墙体）和"虚"（玻璃体）作为造型的主要因素，整体体量强调竖线条为主，横线条为辅，建筑体量不断依次向中心收敛，再运用日照光影的设计原理，形成了富于构成意味的，造型新颖、色调明快的现代新技派风格；同时建筑虚实对比又能表现体量间的关系和张力。在建筑屋顶上建屋顶花园，调节室内空气质量，并为高层建筑的室内环境提供一个自然亲和的视觉界面。

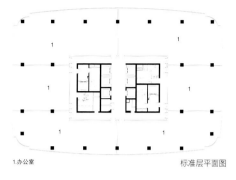

1.办公室　　　　　　　　　　　　　　标准层平面图

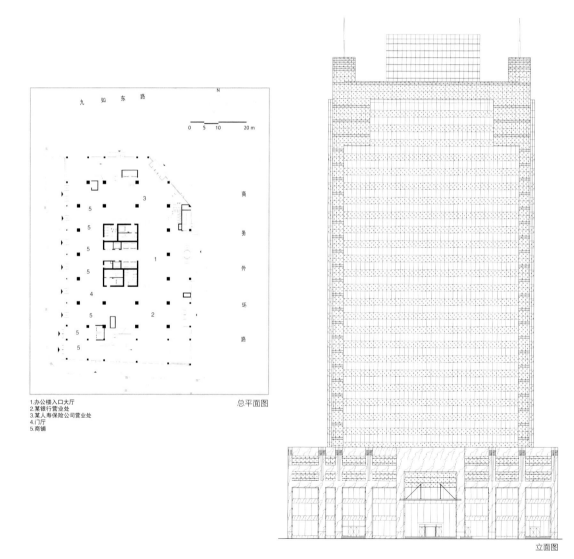

1.办公楼入口大厅
2.某银行营业处
3.某人寿保险公司营业处
4.门厅
5.商铺

总平面图

立面图

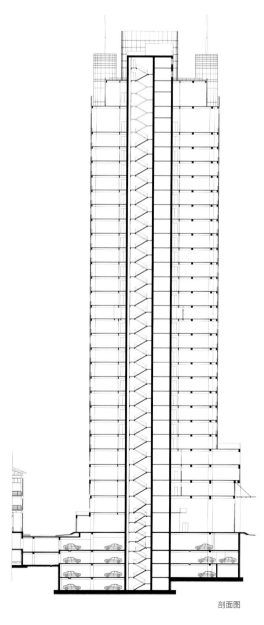

剖面图

郑州市商业银行大厦
Zhengzhou Commerce Bank Tower

建设单位：郑州市商业银行
地　　址：商务外环路以西，九如路以南
设计单位：同济大学建筑设计研究院
　　　　　河南省纺织建筑设计院有限公司
施工单位：河南省第五建筑安装工程有限公司
用地面积：5222.1m²
建筑面积：59277.8m²（其中，地上：48041.3m²；
　　　　　地下：11236.5m²）
建设规模：地上29层，地下3层
主要用途：办公
设计时间：2006年8月

　　本建筑设计符合现代、实用、安全、经济、美观的十字方针。功能空间布局合理完善、运行高效，使用方便，便于管理，同时考虑今后的发展，内部功能空间具有满足适应未来变化的灵活性特征。空间场所坚持以人为本，倡导科学与人文相结合，为使用者提供舒适便捷的使用空间，以及相互沟通的公共场所，形成促进业务交流与人际交往的工作氛围。外墙采用石材幕墙与玻璃幕墙相结合，突出庄重、气派、气势恢宏，稳重中透出活泼，并用竖向石材线条和裙房突出建筑物的挺拔与不断向上的气势，门口衬以轻钢结构的雨篷，使得整个立面效果稳重而又不乏秀气。在设计中还充分考虑到方案的可实施性与建筑、结构的经济性，运用成熟的技术、选用适宜的绿色环保的建筑材料。本建筑在具有自身特色的同时，还充分考虑与CBD整体建筑布局的和谐，以及与周边建筑、道路、景观园区的协调统一，充分尊重规划，利用区位优势，处理好营业大楼在CBD外环整体空间序列及向心轴线上的关系。

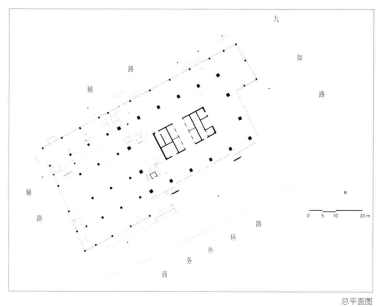

总平面图

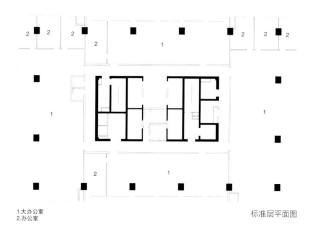

1. 大办公室
2. 办公室

标准层平面图

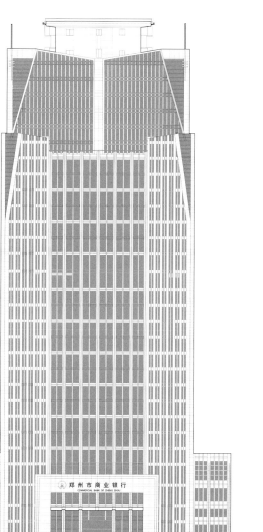

立面图

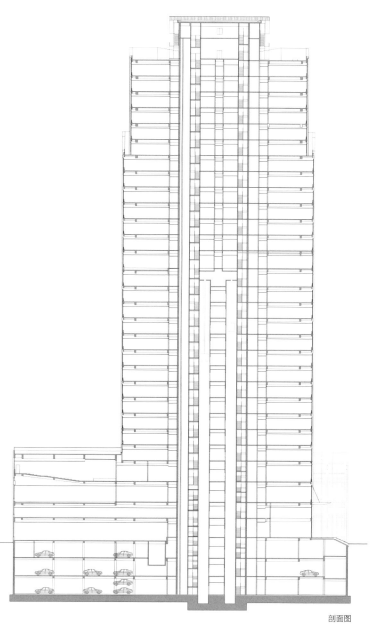

剖面图

中华大厦
Zhonghua Tower

建设单位：郑州宏远房地产开发有限公司
地　　址：商务外环路以东，商务西七街以北
设计单位：北京蓝图工程设计有限公司
设计人员：工程负责人：黄哉
　　　　　建筑：黄哉　结构：禹永咸
　　　　　给排水：高建海　暖通：王海英
　　　　　电气：曹文晖
监理单位：郑州广源建设监理咨询有限公司
施工单位：新蒲建筑安装有限公司
　　　　　河南科兴建设有限公司
用地面积：4552.66m²
建筑面积：55882.37m²（其中，地上：45421.49m²；地下：10460.88m²）
建设规模：地上31层，地下3层
主要用途：办公
设计时间：2006年4月

　　本建筑地下3层为车库，地上31层，其中裙房4层，主体高为120m。根据功能需要，一层为银行和邮局的营业大厅及其办公大堂、商业等用房；二、三层为保险证券及接待餐厅、职工餐厅等用房；四层包括2个多功能厅、茶室、咖啡厅、小会议室和屋顶花园等观景休息空间；五至三十一层为办公写字楼，可灵活隔断，每层亦有专用交流休息空间，力求创造出人性化、生态化的办公环境。

　　钻石代表富贵、地位、成就和安祥，同样也是永恒、纯洁、忠实、坚贞的象征，这些正是中华大厦所应该拥有的品格气质。立面设计结合"钻石"的立意，主楼通过玻璃幕墙及花岗石幕墙进行表面处理以形成钻石顶部及形体多棱的丰富造型，同时在造型丰富的基础上力求体形清晰大方，气度雍容；辅助裙房在风格处理上与主楼相一致，丰富而统一。在建筑的南向主立面利用厚重花岗石材质给人以沉稳感，而北向立面则采取石墙为主的立面形式，利于节能环保；重视细部处理，精密的杆件抓点，光洁的玻璃幕墙，厚重的石材墙面，智能的可调百叶进一步突出了中华大厦的时代性、先进性和庄重感。

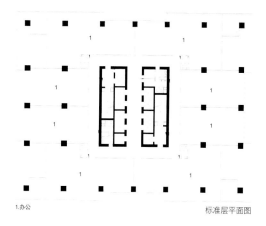

1.办公　　标准层平面图

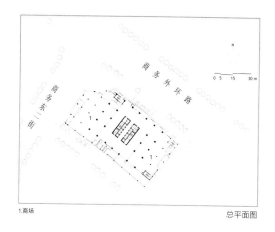

1.商场　　总平面图

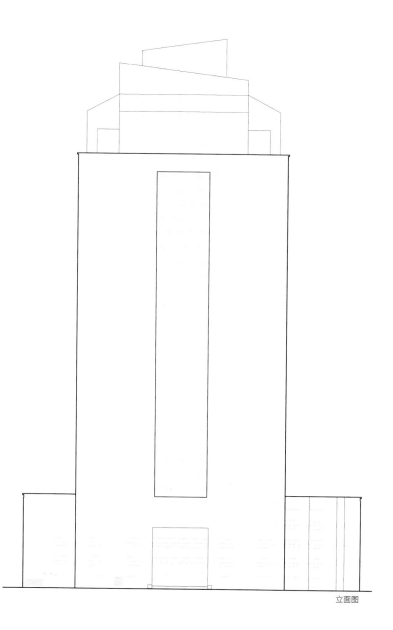

立面图

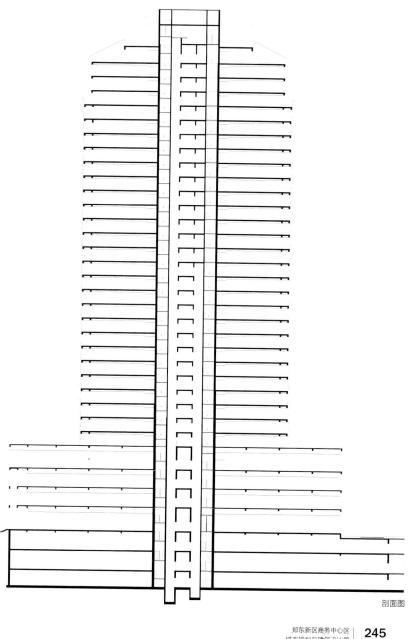

剖面图

房地产大厦
Real Estate Tower

建设单位：郑州市联合置业公司
地　　址：商务外环路以北，商务东五街以西
设计单位：加拿大 EDG 公司
　　　　　核工业第五研究设计院
监理单位：北京华兴建设监理咨询有限公司
施工单位：浙江展诚建筑集团股份有限公司
　　　　　浙江耀江建设集团股份有限公司
用地面积：7961.345m²
建筑面积：65935m²
　　　　　（其中，地上：53731m²；地下：12204m²）
建设规模：地上30层，地下2层
主要用途：办公
设计时间：2003年5月
竣工时间：2006年5月

　　本案位于郑东新区CBD外环，是一栋集房地产展销、交易、信息咨询、二手房交易等为一体的综合性商务大厦，建筑主体高度120m，地上30层，地下2层，由地下室、裙房和塔楼3部分组成。郑州房地产博览中心是由加拿大EDG公司担纲设计，通过4层裙房与30层主楼有机的结合和具有时代感的外立面、玻璃幕墙凝固成具有象征意义的"风帆"、"金靴"造型，象征"一帆风顺、步步为赢"，使整幢大楼气势恢弘，充满现代气息。除了满足视觉高度以外，双五A智能甲级写字楼的标准和完善的物业配套，更为业主提供了一个现代化办公的高端平台，为上升型企业和总部型企业的未来发展提供有力支撑。

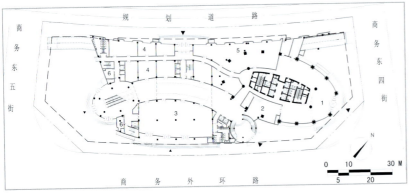

总平面图

1.大堂休息区
2.咖啡休闲区域
3.房地产展示区域
4.房地产交易服务区域
5.房地产展销区域
6.办公

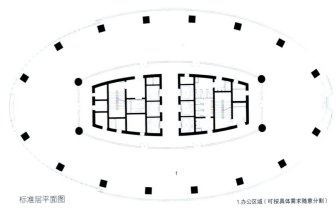

标准层平面图

1.办公区域（可按具体需求随意分割）

1. 办公大堂
2. 银行营业大厅
3. 自助银行
4. 银行办公
5. 邮局办公
6. 邮局营业大厅
7. 商业用房

总平面图

1. 大空间办公室
2. 经理办公室
3. 休息室
4. 会议室

标准层平面图

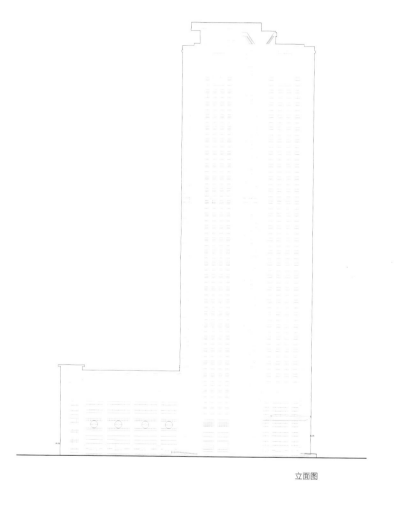

立面图

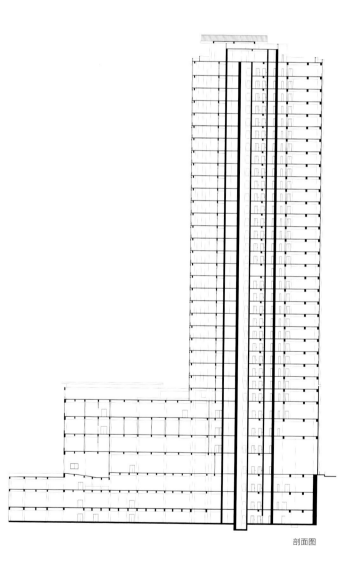

剖面图

郑东金融大厦
Zhengdong Financial Tower

建设单位：郑州市新东置业
地　　址：CBD外环路以西，九如路以北
设计单位：机械工业第六设计研究院
施工单位：中国新兴建设开发总公司
用地面积：5230.94m²
建筑面积：66957m²
建设规模：地上29层，地下3层，裙房3层
主要用途：办公
设计时间：2006年8月

　　本项目为集办公、休闲为一体的高端写字楼。方案在设计上力求建筑风格的统一，外表简洁大方、雍容稳重，4层挑高的入口共享大厅，简洁现代，气派雍容。在建筑东北面面向CBD外环路一侧，利用玻璃幕墙扩大采光，体现标志性，而西南立面则采取相对有更多遮阳功能的立面形式，有利于节能环保。建筑极为重视细部处理，深厚颜色的石材墙面，光洁的玻璃幕墙，精密的杆件抓点，智能的可调百叶突出CBD商业中心的时代性和先进性。规划上在建筑周边一些关键部位设置小型水景，使建筑在植物和水景的点缀下平添几分活力，充分体现现代人性化办公楼的特质。

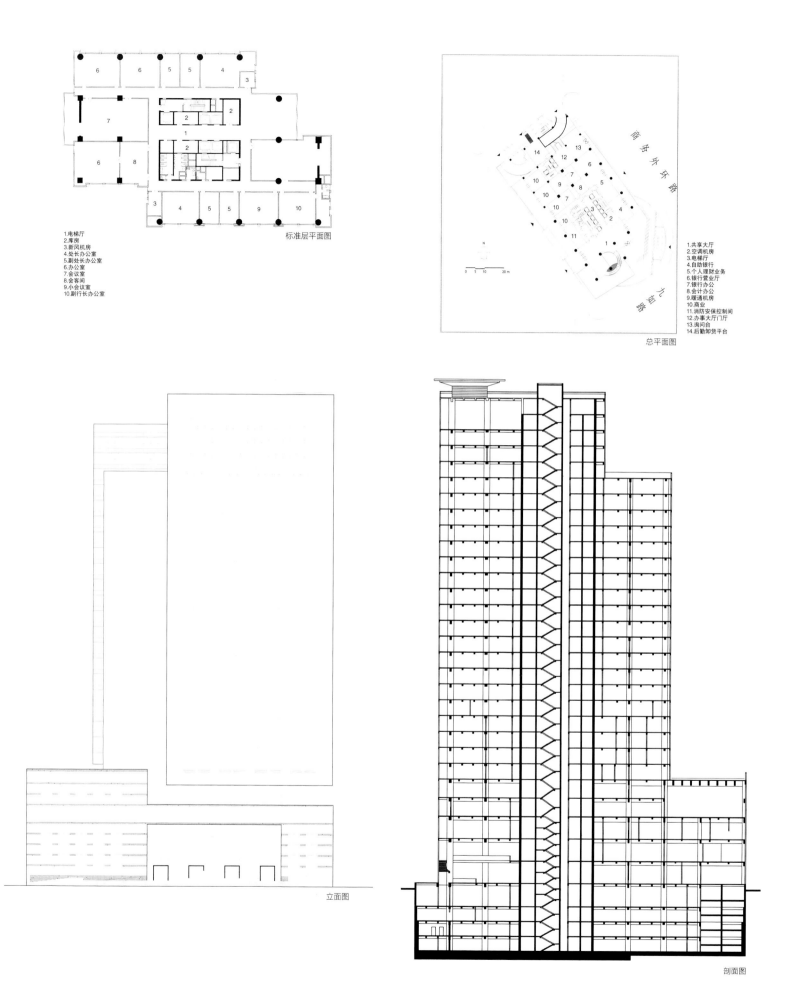

郑州海联国际交流中心大厦
Zhengzhou Hailian International Exchange Center

建设单位：河南海联投资置业有限公司
地　　址：商务外环路以西，商务东二街以南
设计单位：机械工业第六设计研究院
施工单位：河南省第一建筑工程集团有限责任公司
用地面积：5040.5m²
建筑面积：60816m²
设计时间：2006年12月

　　本方案总高度为120m，地下3层，地上28层，裙房5层，是集商铺、娱乐、休闲、健身、会议为一体的高档写字楼。方案在造型上力求风格统一，外表简洁大方，注重体块的对比、虚实的比较、尺度的把握，形成明快大方、轻盈灵动的现代办公写字楼的特点。为了充分显示建筑的挺拔感，使用从高到低的垂直竖向线条，使建筑的挺拔感得到加强。外观立面材质主要以石材和玻璃幕墙为主，形成独特的建筑形象。

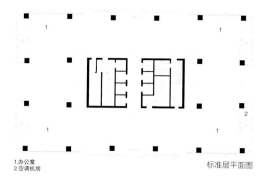

1. 办公室
2. 空调机房

标准层平面图

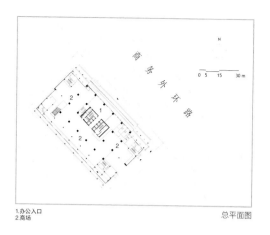

1. 办公入口
2. 商场

总平面图

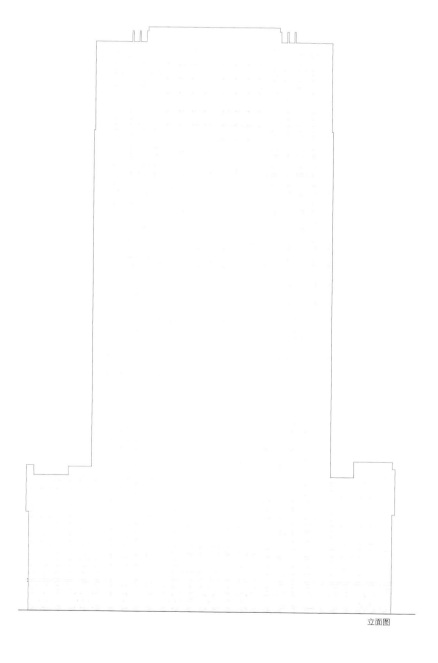

立面图

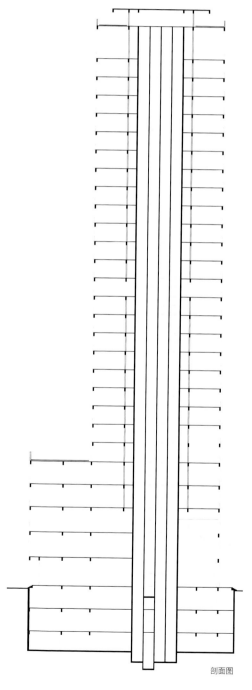

剖面图

福晟大厦
Fusheng Tower

建设单位：河南福晟置业有限公司
地　　址：CBD外环路以南，商务东二街以东
设计单位：北京市建筑设计研究院
施工单位：河南科兴建设有限公司
用地面积：5224.6m²
建筑面积：81612m²
建设规模：地上32层，地下3层，裙房4层
主要用途：办公
设计时间：2006年11月

该方案作为金融大厦，在外型设计上从大气、稳重及现代的性格特征着手，在把控财富文化品位高度集中的气质上突出显现项目的标志性效果，采用石材与现代玻璃相对比的手法，以"简洁"、"厚重"为基本设计原则，通过竖向与横向线条的对比来突出各体量间的对比，从而贴切地反映金融大厦的突出地位。方案在办公空间的设计中充分考虑了交流、洽谈空间及吸烟区等区域设计，不仅在内部设置了特色酒楼及茶吧、咖啡屋等休闲商务场所，而且在各层均设计了绿色园林空间，供办公人员在闲暇时刻亲近自然，从而创造出更为怡人的办公环境。

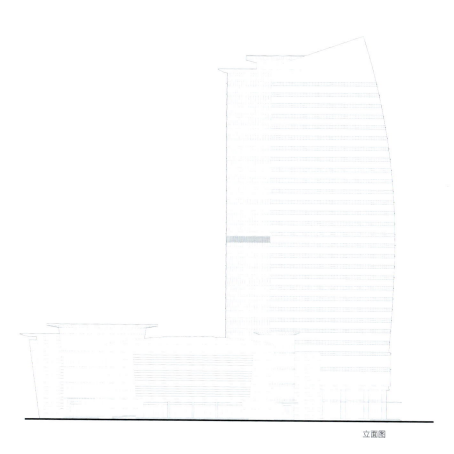

立面图

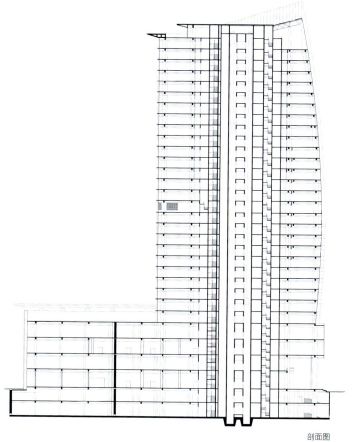

剖面图

河南移动通信郑州分公司
郑东新区生产楼
Manufacturing Building of Zhengzhou Branch, Henan Mobile Communications

建设单位：郑州市移动公司
地　　址：商务内环路以南，通泰路以东
设计单位：龙安·泛华建筑工程顾问有限公司
施工单位：中国建筑第二工程局
用地面积：5112m²
建筑面积：地上23004m²，地下7910m²
建设规模：地上16层，地下2层
主要用途：办公
设计时间：2005年1月
竣工时间：2008年5月

　　本建筑由机房、办公、营业厅3个重要功能组成，其功能独立，面积要求各异。在满足功能要求的前提下，依据建筑容积率要求和建筑高度限制，本方案通过裙房、主楼机房、部分主楼办公区3部分有机的结合，采用局部板式、局部塔形高层玻璃幕相结合的方式，不但满足了建筑面积的要求，又突出了建筑的高度，通过形体及材料的对比，突出高层建筑的高耸感。

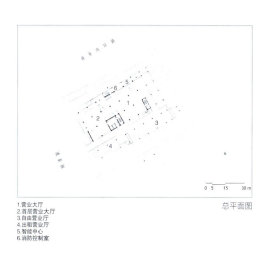

总平面图

1. 营业大厅
2. 首层营业大厅
3. 自由营业厅
4. 出租营业厅
5. 智能中心
6. 消防控制室

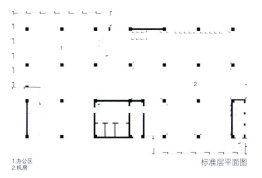

标准层平面图

1. 办公区
2. 机房

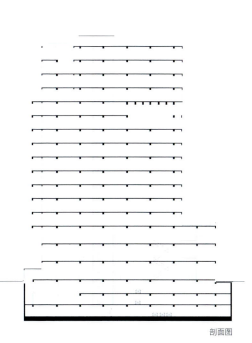

剖面图

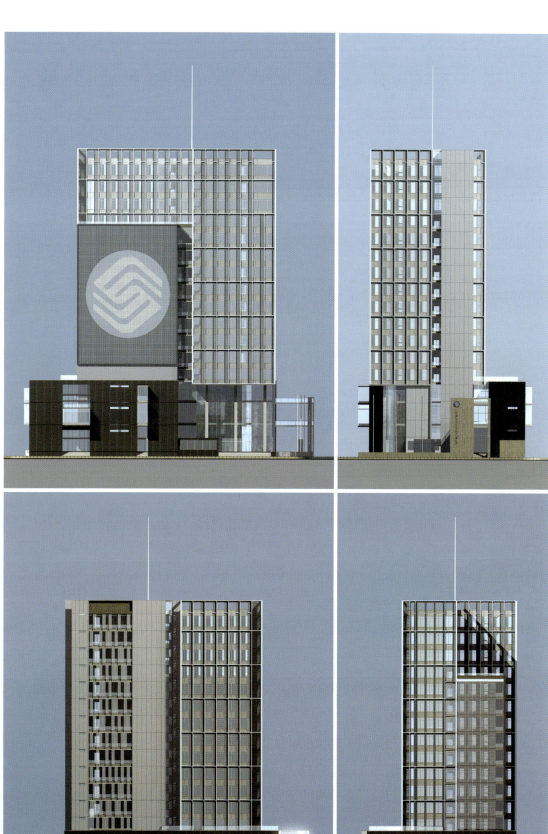

国泰财富中心
Cathay Pacific Wealth Centre

建设单位：郑州国泰置业有限公司
地　　址：商务外环路以北，商务东五街以西
设计单位：机械工业第六设计研究院
监理单位：英泰克工程顾问（上海）有限公司
施工单位：浙江国泰建设集团有限公司
用地面积：5809.90m²
建筑面积：71010.9m²
　　　　　（其中，地上：58621.9m²；地下：12389.0m²）
建设规模：地上29层，地下3层
主要用途：办公
设计时间：2006年11月

本建筑地下一、二层为复式停车库，地下三层为停车库，一层为银行、酒楼的大堂及西式快餐，二、三、四层为银行办公、中西式高档餐厅，四、五层为商务中心等；六层以上为标准层。基地直接面向大面积的公共绿地和百米景观河道，得天独厚的各种优势为建筑设计奠定了坚实的基础。

优秀的建筑设计应具有良好的地域性，"Z"字作为对郑州（Zhengzhou）的隐喻，传达出地域的第一属性。同时，作为对城市道路空间的尊重，"Z"字形平面非常自然地让出主要道路交角部位形成入口及广场空间，并使更多的办公室面向阳光、绿地及景观河道成为可能，而且"Z"字形对写字楼标准层的设计也提供了全新的思路，使作为中心的核心筒得以解放。

建筑造型的设计和平面紧密结合，南高北低的前后关系和CBD总体规划中有外环至内环逐步降低建筑高度相吻合。裙房临向外环路一侧厚重端庄，临商业街一侧则通透而轻松。主楼通过最简约的线条在严谨的比例之下勾勒出国际化风格的显著特征。顶部天际线的刻画使建筑有着良好的标志性——既不刻意彰显自我，又能在大的空间关系中脱颖而出。设计外墙采用石材幕墙，裙房采用深色的石材。整栋建筑通过强烈的虚实对比犹如雕塑般屹立于CBD的门户地带。

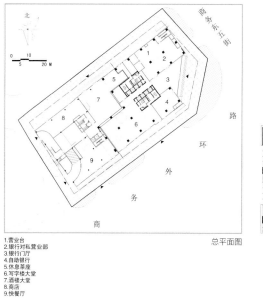

1.营业台
2.银行对私营业部
3.银行门厅
4.自助银行
5.休息茶座
6.写字楼大堂
7.酒楼大堂
8.商店
9.快餐厅

总平面图

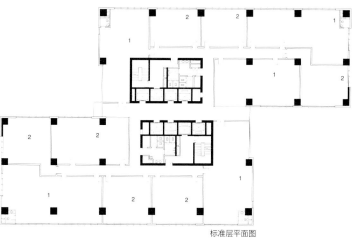

标准层平面图

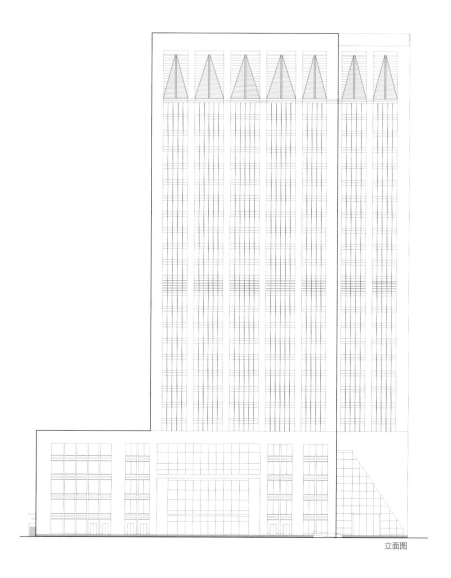

立面图

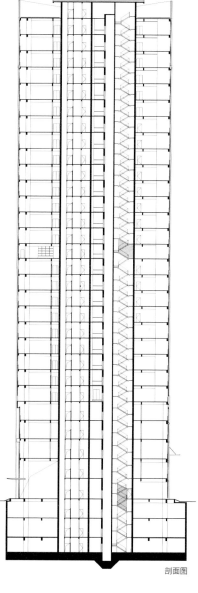

剖面图

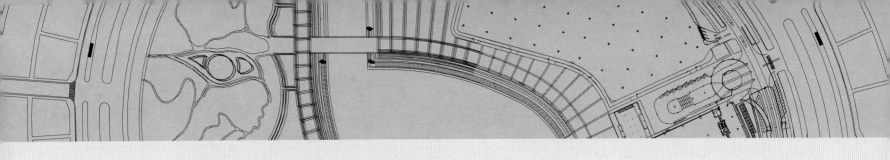

7 文化教育建筑
Buildings for Culture and Education

郑州市第四十七中学高中部
Senior Department of Zhengzhou 47th Middle School

郑州市第47中学初中小学部（思齐学校）
Primary & Junior Department (Siqi School) of Zhengzhou 47th Middle School

海文幼儿园
Haiwen Kindergarten

郑东新区游客中心
Visitor Center of Zhengdong New District

郑州市第四十七中学高中部
Senior Department of Zhengzhou 47th Middle School

建设单位：郑州市第四十七中学
地　　址：祭城路以北，黄河东路以西
设计单位：深圳市宝安建筑设计院
设计人员：方案主创：陈朝华、杨浩永、罗伟章
　　　　　建筑专业：陈朝华、白炯、李彤、
　　　　　　　　　　李小梅、李华祥等
　　　　　结构专业：黄兴华、吴杨、张越云
　　　　　给排水：邱文华、陈珲
　　　　　电气：周云芳、任东
监理单位：河南海华工程建设监理公司
施工单位：河南省第二建筑工程有限责任公司
　　　　　河南水利建设工程有限公司
　　　　　中国建筑第七工程局第四建筑公司
　　　　　河南省中原建设有限公司
　　　　　河南省第五建筑安装工程有限公司
　　　　　河南省第一建筑工程有限责任公司
用地面积：172538m²
建筑面积：89000m²
建设规模：普通4层，最高5层
主要用途：高中
设计时间：2003年4月
竣工时间：2005年7月

　　学校占地面积172538m²（258亩），规划有48个标准教学班，2400名学生。总建筑面积89000m²。容积率0.496，建筑密度15.8%，绿地率61.5%。教学楼4栋，每栋4层，层高3.6m。师生食堂4层，层高4.2m。公寓楼6栋，每栋地上5层、地下1层、地下室层高3.2m。信息、物理实验、化学生物实验、行政办公楼各1栋，4层，层高3.6m。图书馆1栋，3层，层高3.6m。报告厅1座，体艺楼1座。

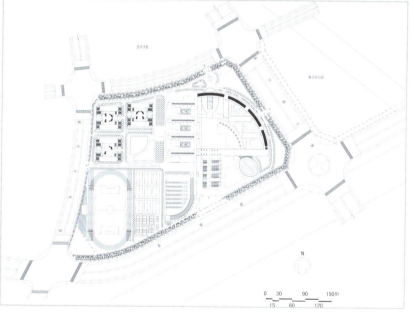

高中规划总平面图

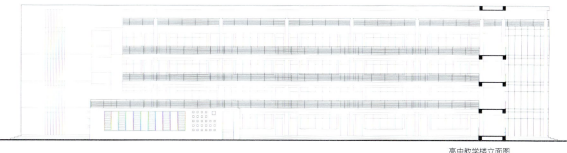
高中教学楼立面图

高中教学楼立面图

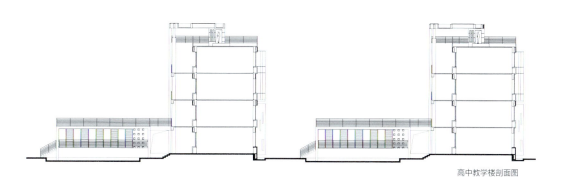
高中教学楼剖面图

高中教学楼平面图

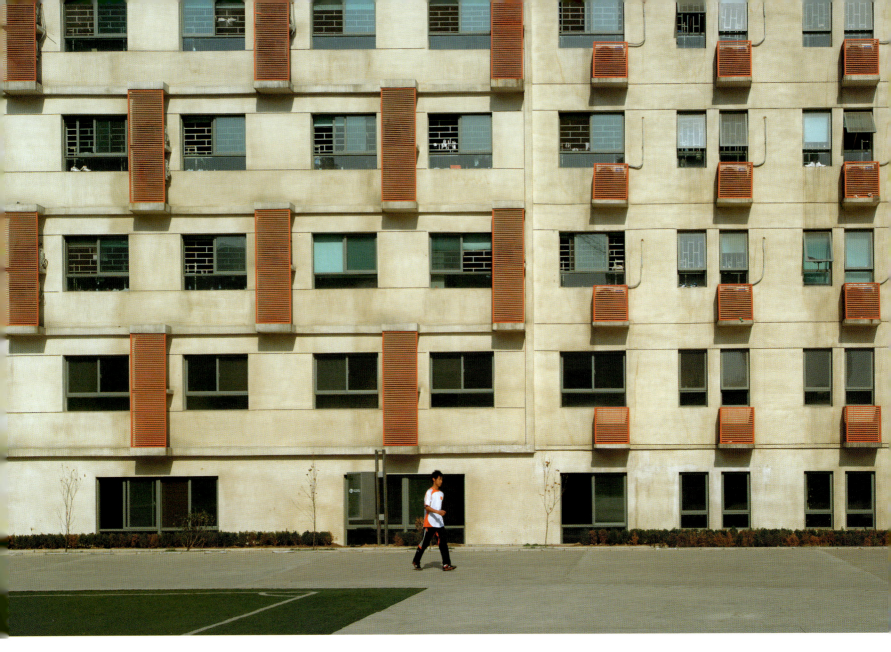

男新学宿平面图

男新学宿立面图

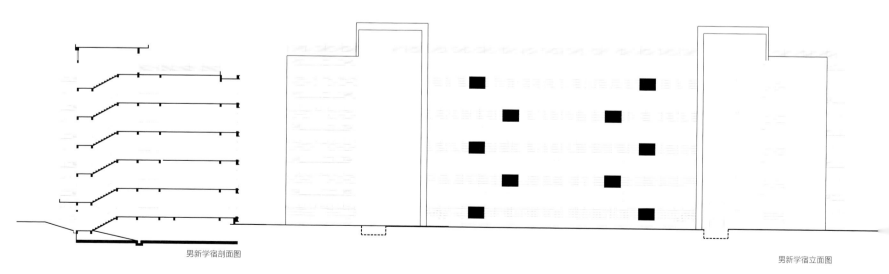

男新学宿剖面图

男新学宿立面图

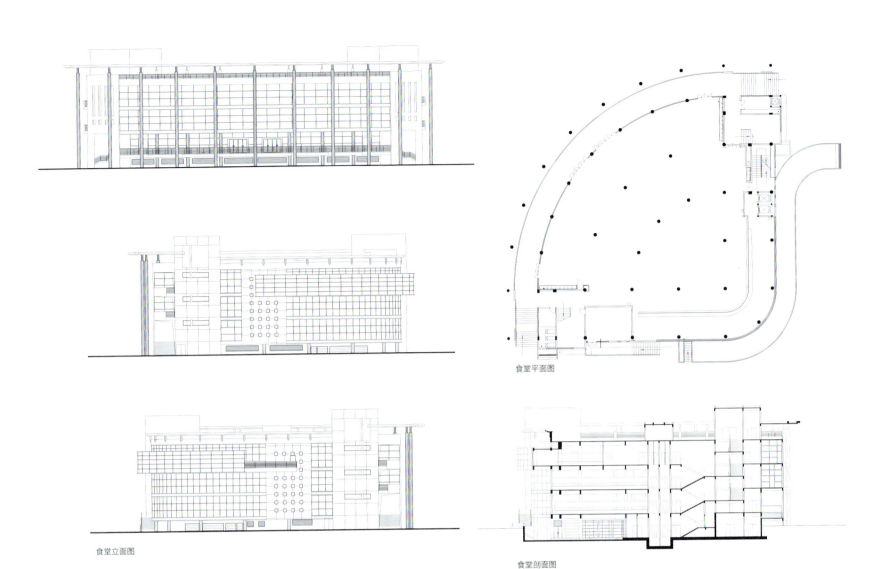

食堂平面图

食堂立面图

食堂剖面图

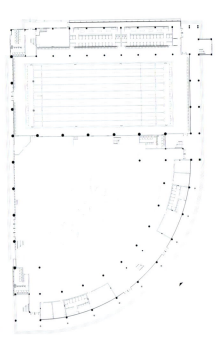

体育艺术楼平面图

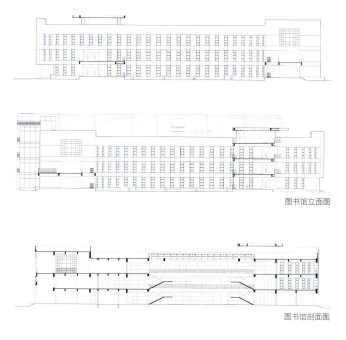

图书馆立面图

图书馆剖面图

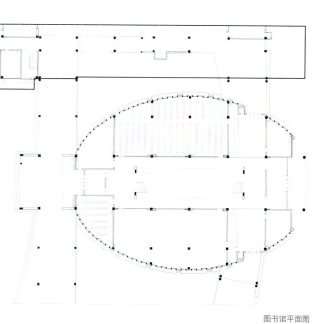

图书馆平面图

郑州市第四十七中学初中小学部（思齐学校）
Primary & Junior Department (Siqi School) of Zhengzhou 47th Middle School

建设单位：郑州市第47中学初中小学部（思齐学校）
地　　址：黄河东路以西，九如东路以北
设计单位：北京市建筑设计研究院
设计人员：建筑方案设计：吴晨 邢凯立 吴述新 瞿晓雨
　　　　　项目负责人：陈汝岩 吴述新
　　　　　建筑专业：瞿晓雨 周雷 梁海欣 李琦 郭佳
　　　　　结构专业：周自义 韩振华
　　　　　设备专业：吴忠廷
　　　　　电气专业：张永利
施工单位：河南省第一建筑工程有限责任公司
　　　　　林州建筑工程有限责任公司
　　　　　东风建筑工程有限责任公司
用地面积：89000m²
建筑面积：49635m²
建设规模：教学楼、行政楼地上5层，宿舍楼地上6层
主要用途：学校
设计时间：2005年8月

郑州市第47中学初中小学部（思齐学校）共有小学36个班、初中18个班，主要建设内容包括：小学部教学楼、初中部教学楼、实验楼、报告厅、阅览室、行政办公楼、学生及教工宿舍、餐厅、运动场地及其他附属设施。

建筑设计合理，具有与现代教育发展相适应的前瞻性；建筑布局合理，建筑风格与47中高中部和谐一致，并能自成一体。

教学用房、教学辅助用房、行政管理用房、服务用房、运动场地及生活区分区明确、联系方便、互不干扰。

建筑造型和立面设计：整个校园采用"五横一纵"的鱼骨状建筑肌理，与基地南侧高中部校园肌理遥相呼应，形成开朗舒展的城市第五立面。在体量处理上，采用了退台的手法，缓解建筑体量对周边城市道路的压迫，使建筑更好地融入环境。

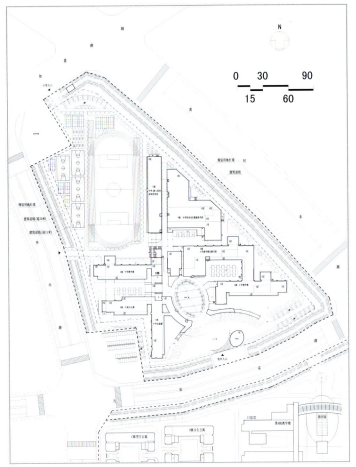

总平面

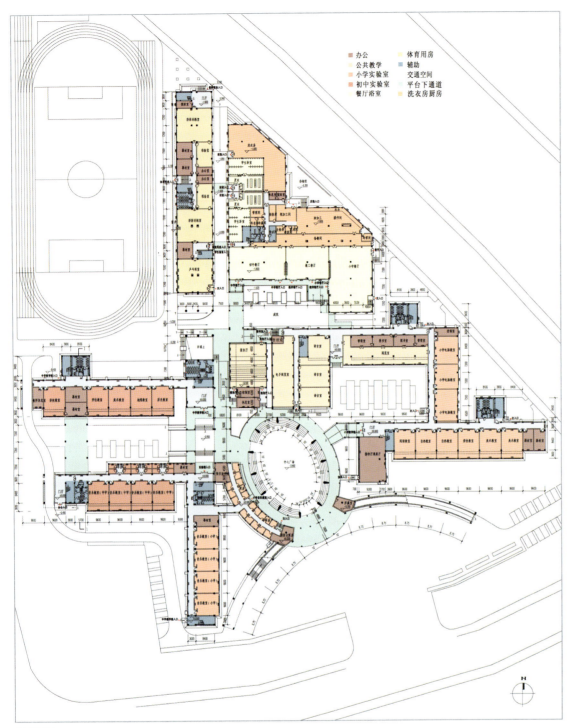

首层平面图

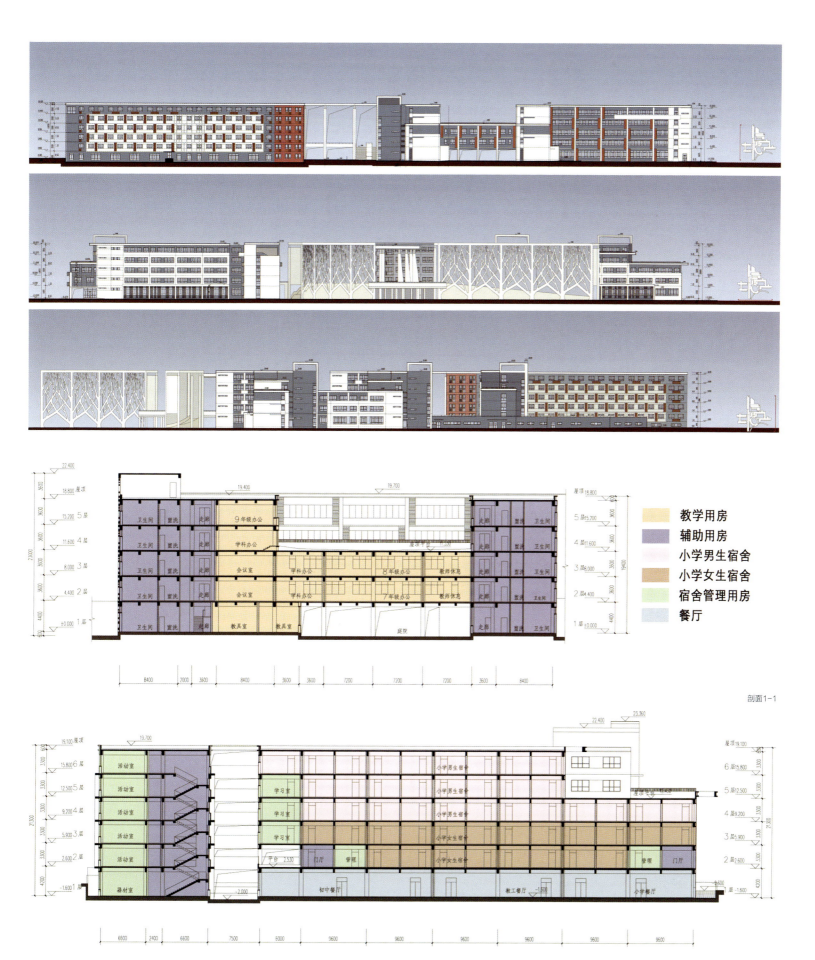

海文幼儿园
Haiwen Kindergarten

建设单位：河南鸿泰教育公司
地　　址：祭城路以北，黄河东路以西
设计单位：上海同济大学建筑设计研究院
　　　　　机械工程第六设计院六所
施工单位：河南科兴建筑工程有限公司
用地面积：24550m²
建筑面积：24786.11m²
主要用途：幼儿园
设计时间：2005年6月
竣工时间：2007年9月

　　本案基地东侧与水系相接，南侧与城市绿带相望，西侧为郑州市第47中学，分为幼儿研究中心与幼儿教育研究中心两部分。
　　建筑设计力求传统与现代的统一融合，基于基地及项目自身的特点，提炼出建筑设计的独特理念。

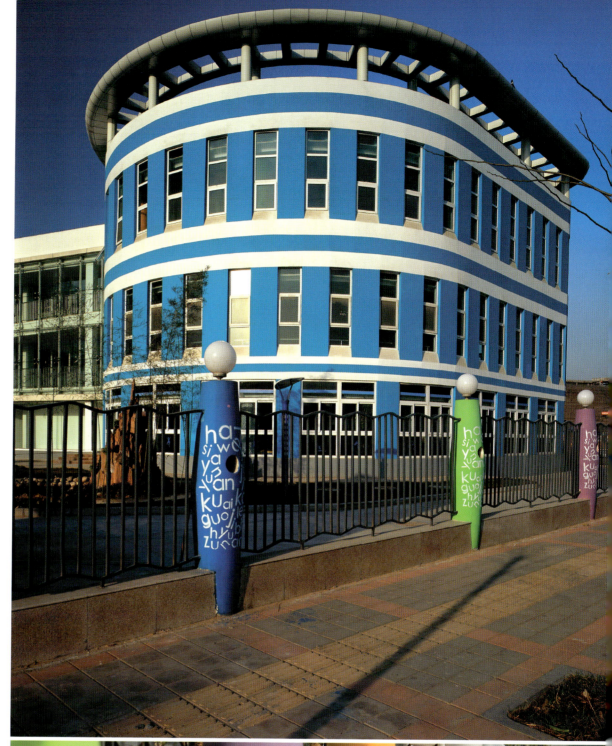

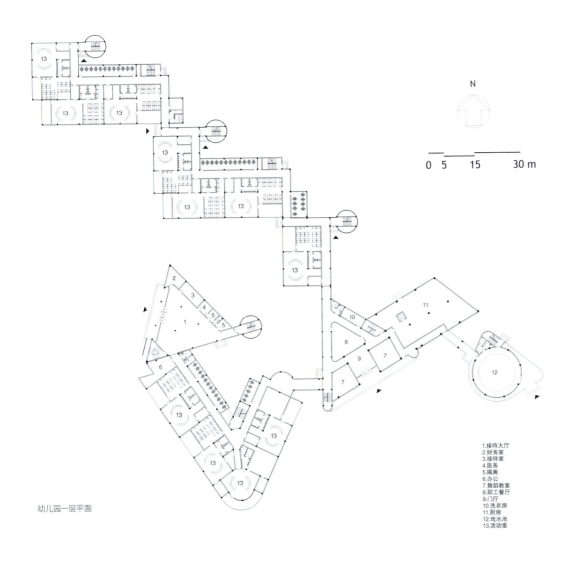

幼儿园一层平面

1.接待大厅
2.财务室
3.接待室
4.医务
5.隔离
6.办公
7.舞蹈教室
8.职工餐厅
9.门厅
10.洗衣房
11.厨房
12.戏水池
13.活动室

幼儿教育研究中心

主体建筑形态设计上，充分考虑到基地周边环境对建筑形态的影响，结合幼儿园自身功能特点，综合考虑，形成既满足使用要求，又充分与环境对话的建筑形态布局。

基地东侧面临百米宽的景观河，建筑在沿河一侧线性布局，形成外向空间，充分取得与环境的交流，形成对河景的观赏。而在西面紧邻城市快速干道的一侧，建筑形态形成围合内向空间，以减少城市交通对幼儿成长的不利影响，同时产生了利于孩子们相互交流的内部公共庭院空间。

建筑形态主要以公共空间为中心展开，各个幼儿教学生活组团散落在其周围。方便各个组团对公共空间的使用，也促进各个组团幼儿的交流，产生向心的活力空间。

建筑形式上的考虑主要体现色彩的丰富性和体块形态的活跃性，产生儿童喜欢的丰富活泼的形式。因此对各个组团赋予不同的色彩，共同组合成色彩斑斓的建筑群体，同时通过建筑飘板，门窗楼板统一的材质色彩对建筑群体进行统一联系，产生既丰富又统一的效果。体块形态则自由利用几何形体，直线墙、弧线墙的交替出现，玻璃与石墙的不断变化产生丰富自由的建筑空间。立面开窗开门相对灵活自由，产生视觉上的跳跃活泼，谱写出生机盎然的现代化幼儿园。

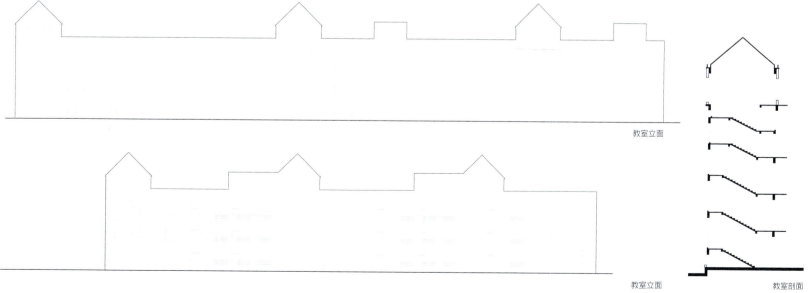

教室立面

教室立面　　教室剖面

郑东实验幼儿研究中心透视

幼儿研究中心

幼儿研究中心是一栋多层办公建筑，呈"L"形位于基地北侧，退主干道15m，和幼儿教育中心、黄河东路自然围合出半开放的广场空间。整个建筑的空间以内向性特征为主，在有限的空间内打造出一片自主天地。其中采用了对立、围合等空间处理手法来丰富建筑的空间。楼前广场、庭院和幼儿教育中心的活动场地之间相互联系、相互渗透。整个场地可以从广场、庭院、活动空间有序地过渡，丰富了空间的内涵和品质。

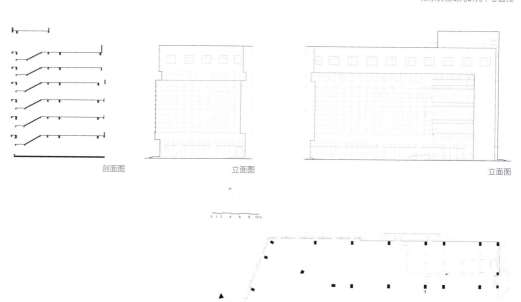

剖面图　　立面图　　立面图

一层平面

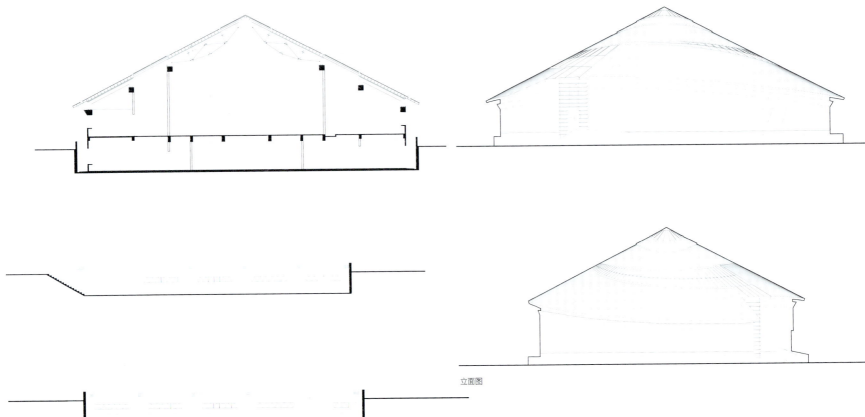

立面图

郑东新区游客中心
Visitor Centre of Zhengdong New District

建设单位：游客中心项目部
地　　址：郑州市郑东新区红白花公园内，西临商务内环路，东临中心湖
设计单位：黑川纪章建筑·都市设计事务所
　　　　　机械工程第六设计院
施工单位：河南省第一工程建设公司
用地面积：1786.5m²
建筑面积：1898.5m²，地下部分 998.6m²
建筑规模：地上1层、地下1层（半地下室）
主要用途：餐饮服务，地下为办公用房和设备用房。
设计时间：2006年5月
竣工时间：2007年12月

　　本设计具有一定的雕塑性，新颖独特，地处郑东新区红白花公园内，其材质、造型与湖对岸会展中心呼应，相得益彰。主要功能有：映像厅、展示厅、VIP接待室、纪念品销售处、饮料销售点、办公用房、卫生间。

　　本案建筑设计在充分尊重黑川先生原有设计风格的基础上，充分考虑自然通风和采光要求，与周边建筑环境保持和谐一致。

　　周边环境和交通。CBD游客中心尊重红白花公园既有的环境设计。通过游客中心的路径与既有路网相衔接。外部交通主要通过景观桥步行进入游客中心，车辆在中心湖景观桥以东的会展中心停车场停放。

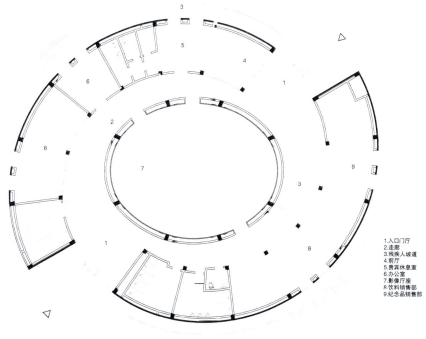

一层平面图

后记
Postscript

商务中心区是一个城市的经济枢纽，是一个城市重要的功能核心，也是一个城市的标志和窗口。商务中心区的多功能性、高度复合性决定了其城市规划与建筑设计比一般城市地区更复杂、更特殊，也更重要。

郑东新区的规划设计堪称国内新城规划设计的杰作，在国际上也具有一定的先进性，而郑东新区商务中心区的规划设计则是其中的点睛之笔。它充分吸收了国内外商务中心区规划设计与开发建设的成功经验，以特有的环形结构，将路网、景观以及各类不同功能的建筑巧妙的联系起来，形成了功能完善、景观宜人、形象优美的城市中心区。

自2003年启动建设以来，短短几年间，一个独具特色，景观优美的郑东新区商务中心区已呈现在人们面前，得到了社会各界的极大瞩目和广泛赞誉。商务中心区独具魅力的城市形象，极大的提升了城市品味，增强了城市的知名度，激发了市民对城市的自豪感和认同感。

《郑东新区商务中心区城市规划与建筑设计篇》作为《郑州市郑东新区城市规划与建筑设计》系列丛书的重要组成部分，详细介绍了郑东新区商务中心区的规划设计和建设成就，包括道路、市政、景观与各功能建筑设计等。本书旨在通过向读者展示商务中心区规划设计及建设细节，让读者能对商务中心区的规划设计有更深刻的认识和理解。也希望广大读者通过阅读此书关注身边的城市规划和建设，体会规划设计的魅力所在。